超萌
鸚鵡飼育圖鑑

「鸚鵡學校」鳥物（？）關係圖

……圖……不對，
……鸚鵡們的關聯性。

灰鸚校長

平時就像地藏王菩薩般，靜靜觀察學生們。非常聰明，無所不知。

玄鳳……

新進教師……住學生們的……有時還會陷入恐慌。

飼主A

同班同學

牡丹

個性靦腆且認真的男孩。想要和交心對象無時無刻一起行動！

虎皮

精力旺盛的調皮男孩。在鸚鵡中是很罕見的博愛主義者，和大家都是朋友♪

桃面

個性乾脆俐落的女孩。對飼主的愛意滿到讓人傷腦筋♡

橫斑

個性大方而悠哉，是個很穩重的女孩。身體總是往前傾。

錐尾

擔任班長的聰明女孩。喜歡活潑的凱克……♡

凱克

個性活潑，運動神經發達！自己也能玩得不亦樂乎。單戀桃面中♡

朋友 · 感情好 · 導師

歡迎來到鸚鵡學校！

這裡是
鸚鵡學校。
一群煩惱的鸚鵡們
聚集於此——
大家早安！
每天學習著
和飼主
心意相通的方法。
初次見面，
很高興見到大家！
我是
這個班的導師，
我叫做玄鳳。
緊張
緊張
新進教師
玄鳳老師

因為
我也是才剛來
第一年的
新老師……
所以希望
可以和
各位同學一起
努力學習。
如果有什麼
問題……
緊張
緊張
老師!!
我有問題！
什……
什麼問題?!
驚!
我家主人
完全不明白
我的心情！
我該怎麼辦
才好呢？
超愛主人♡
桃面同學

老師！我也是!!
哇—
我明明是表現對主人的喜歡，卻被罵了！
被罵了呀！
慌張……
……
ワァー
ワァー
※哇——
這…
驚慌
這個嘛……
失措
大家好像都有難解的煩惱呢。
冒出
灰鸚校長！
不過，光是只有鸚鵡在努力是不行的！飼主也得好好學習才行!!
學校裡最了不起的
灰鸚校長

所以，各位請看這本書。
漂……
？
這是……《鸚鵡飼育圖鑑》？
這本書裡有各種豐富的鸚鵡相關知識，
以及如何讀懂鸚鵡情緒的提示！
真是太棒了！
各位！把這本書交給主人，讓他對我們有更多了解吧！
是～～！
於是，學生們……
ZZZ…
輕放
將《鸚鵡飼育圖鑑》悄悄地擺在飼主的枕邊。

目次

好在意……
可是……

LESSON 3

鸚鵡的情緒

《鸚鵡飼育圖鑑》的使用方法

本書是為了讓大家更深入了解鸚鵡所寫。
只要反覆閱讀，你一定能成為「鸚鵡大師」！

Step 1

挑戰填空題！

首先，來試著解開填空題吧。框框的數目等於最佳解答的字數。請務必嘗試解答看看！

① 基本知識

鸚鵡是過著□□生活的生物

Step 2

確認解答！

問題的答案會在這裡揭曉。從最佳解答到稀奇古怪的回答，由玄鳳老師來進行批改。

解答

群居

回答獨居的人，很可惜答案恰恰相反！回答鳥籠的人算是勉強過關，畢竟鸚鵡多半都是在鳥籠中度過的嘛。至於回答我家的人，這個答案給人「我最愛我家鳥寶了」的感覺，非常棒喔！

Step 3

透過解說加深理解

解說與問題相關的各種鸚鵡資訊。除了答錯填空題的人之外，答對的人也請務必一讀！

野生的鸚鵡大多會幾十～幾千隻聚在一起群居生活。但是，因為群居的規模太大了，即使隸屬同一團體，彼此也幾乎互不相識。如果要比喻，那麼群居就好比住在一棟家人群聚的大型公寓裡一樣。

另外，群居生活的鸚鵡非常討厭孤零零地落單。說起來，鸚鵡之所以群居，都是為了避免被敵人盯上，以及方便尋找伴侶，因此落單等於會有生命之虞！很多鸚鵡討厭自己看家也是因為這個原因。

14

如果飼主想要學習得更詳盡……

補習課程

回應飼主「還想知道更多！」的心聲，針對填空題進行延伸性的補習課程。

應用問題

雖然準備了實力測驗想讓飼主解答看看……但是鸚鵡好像先回答了耶。

緊急來信

介紹飼主寄到「鸚鵡學校」的信件。或許能為與愛鳥之間的問題找到解決辦法……?!

鸚鵡的基本知識

想要與鸚鵡建立起和諧美好的關係，首先最重要的就是清楚了解鸚鵡是什麼樣的動物。那麼，就來挑戰解開6道與鸚鵡的基本知識有關的填空題吧。

鸚鵡是什麼樣的生物？

各位，前幾天發的飼育圖鑑有交給主人了嗎？
有──！
交出去了──♪
我的主人馬上就解答出來了喔！
橫斑的主人呢？
他有努力作答喔！
我完全不知道耶～
哎呀，凱克你是說真的嗎？
班長
錐尾同學
要我教你嗎？
各位，你們要是不明白自己是什麼樣的生物，飼主就……
吶～桃面妳咧?!
自己的…
嘰喳
嘰喳

那個……
吵吵
鬧鬧
各位……？
請聽我說……
鬧鬧
吵吵
衝出
這可不行——!!
啊?!
你們得清楚知道
我們鸚鵡是
什麼樣的生物，
才能向
飼主介紹自己！
沒錯！
鏘鏘——!

鸚鵡是過著

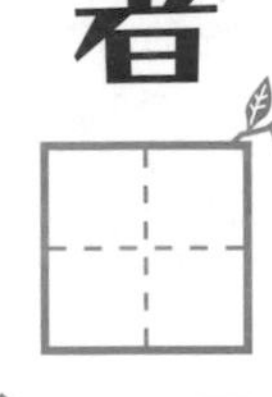

生活的生物

解答

群居

回答**獨居**的人，很可惜答案恰恰相反！回答**鳥籠**的人算是勉強過關，畢竟鸚鵡多半都是在鳥籠中度過的嘛。至於回答**我家**的人，這個答案給人「我最愛我家鳥寶了」的感覺，非常棒喔！

野生的鸚鵡大多會幾十～幾千隻聚在一起群居生活。但是，因為群居的規模太大了，即使隸屬同一團體，彼此也幾乎互不相識。如果要比喻，那麼群居就好比住在一棟家人群聚的大型公寓裡一樣。

另外，群居生活的鸚鵡非常討厭孤零零地落單。說起來，鸚鵡之所以群居，都是為了避免被敵人盯上，以及方便尋找伴侶，因此落單等於會有生命之虞！很多鸚鵡討厭自己看家也是因為這個原因。

解答

個人

回答單獨也正確！回答博愛的人，很可惜這是錯的，答案正好相反（參考第21頁）。至於回答集體的人，因為鸚鵡確實是群居動物，所以這麼說也沒錯……就算勉強過關吧。

2 基本知識

但是也有  主義的一面

如果住在同一棟公寓裡的陌生人搬走了，你會覺得傷心嗎？多數人應該都會回答「NO」。同樣地，鸚鵡是為了保護自己才建立起關係鬆散的群體，因此除了伴侶和家人，其他人對牠們而言，坦白說都是「無所謂」的存在。鸚鵡是只要能夠跟自己喜歡的對象在一起就OK的個人主義生物。

話雖如此，除了最喜歡的對象外，能夠在群體中找到同伴還是讓人比較放心。因為有伴總比落單來得好，所以落單的鸚鵡會想要待在人的身旁。

性格有著□□的一面

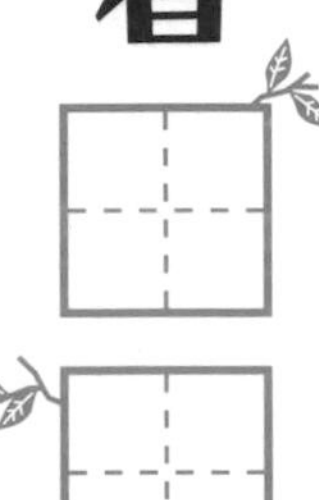

解答

膽小

回答**怕寂寞**、**愛撒嬌**、**反覆無常**的人也都沒有錯……但是，希望各位能夠考慮一下字數！雖然符合的答案很多，本題還是針對**膽小**這一點來進行解說。

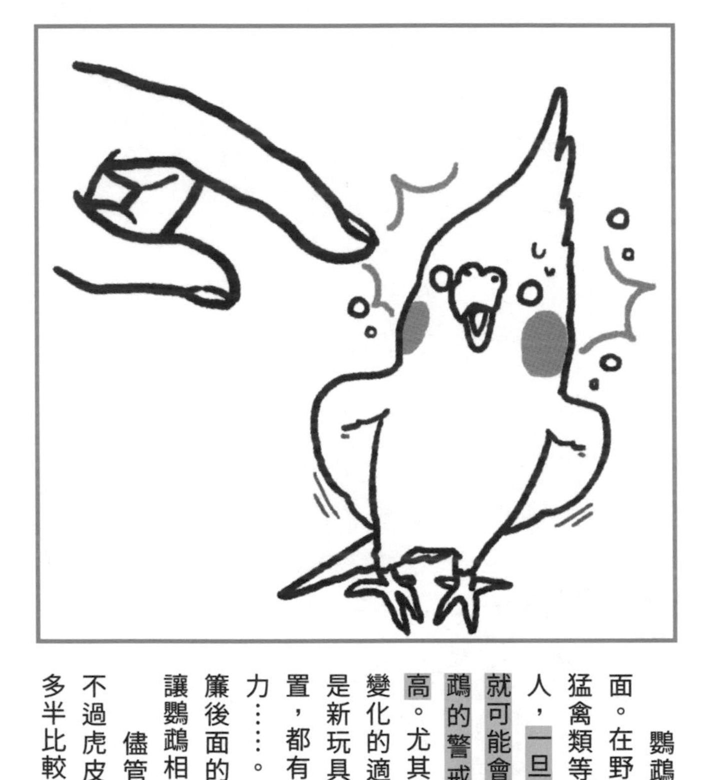

鸚鵡其實也有著膽小的一面。在野生環境中，會有許多猛禽類等對自己虎視眈眈的敵人，**一旦鬆懈被敵人發現了，就可能會有生命危險，所以鸚鵡的警戒心自然而然會比較高**。尤其，鸚鵡對於周遭環境變化的適應能力非常低，無論是新玩具，還是改變鳥籠的布置，都有可能會對鸚鵡造成壓力……。見到陌生人、看到窗簾後面的玻璃影子等，也都會讓鸚鵡相當地害怕。

儘管還是有個體的差異，不過虎皮、橫斑、玄鳳的個性多半比較膽小。

應用問題

鸚鵡的恐懼篇

問題》從下列選項中，找出鸚鵡害怕的東西打○。

1. 孤單

最討厭被忽略冷落!!

群居生活的鸚鵡最討厭孤單了。而且會因為覺得不安，發出叫聲來確認「有沒有人啊?!」。如果遭到冷落，鸚鵡的內心有可能會因此受到很深的傷害……。

2. 陌生人

不知道會對自己做什麼的對象

鸚鵡的警戒心很強，所以在弄清楚對方的真實身分並將其判斷為「安全」之前，絕對不會鬆懈下來。判斷的標準為「是否和飼主親近」、「是否和之前見過的人有相似之處」等……。

3. 沒見過的東西

雖然害怕卻又好在意……

第一次見到的東西會讓鸚鵡很害怕……可是，由於鸚鵡好奇心旺盛，因此其實心裡非常感興趣。尤其是生活在人類保護下的鸚鵡，多半會立刻察覺沒有危險，然後果敢地靠近。

4. 巨大聲響

超討厭!! 會陷入恐慌～

突然發出的巨大聲響會讓鸚鵡嚇一跳！有些鳥種還會因此陷入恐慌。鸚鵡尤其討厭煙火的聲音，因為「咻嗚～」的聲音，和鳥類發出的警告聲相似。

5. 醫院

雖然討厭，但是也有好處！

那裡是身體不舒服時去的地方，而且身體又會被人摸來摸去，所以鸚鵡基本上不喜歡醫院。不過，如果是飼養多隻鸚鵡的家庭，有些鸚鵡反而會把醫院當成可以獨占飼主的地方而喜歡去醫院喔。

6. 飼主

最愛你了♥ 你也是，對吧？

當然是最喜歡了啊！各位飼主也很喜歡我們，對吧？如果有鸚鵡在這一項打○……那麼最好接受一下個別指導喔。

解答

保守

回答**暴力**的人，和你一起生活的鸚鵡個性大概很激烈吧……！至於回答**近代**的人，因為有一說認為「鸚鵡起源於恐龍」，所以反而是**古代**（？）比較正確喔。

雖然偏向

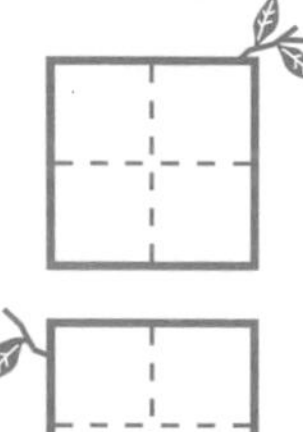

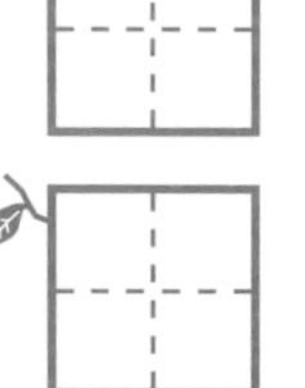

，好奇心卻很旺盛

鸚鵡在日常生活上，也**希望過著一成不變的穩定規律生活**。因為在相同的時間起床、吃飼料、出去玩、睡覺，可以帶來精神和心靈上的安定。和其他被獵食動物一樣，鸚鵡也可以算是個性保守的生物。

然而，鸚鵡同時也有著充滿求知慾以及好奇心的一面。由於牠們的智商很高，因此儘管覺得害怕，依然會「那是什麼？」、「要不要試試看呢？」地表現出興趣。**為了避免鸚鵡感到無聊，請積極地為牠的生活添加有趣的變化**。

5 基本知識

情緒是透過□□和□□□□表達

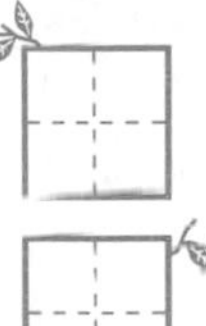

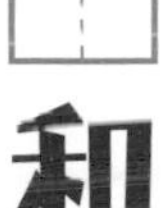

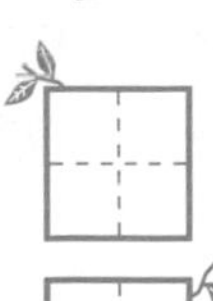

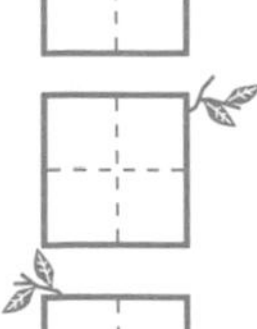

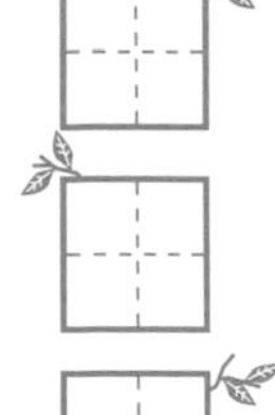

群居生活的鸚鵡，是會和同伴互相交換情報、表達情感的動物。傳達情報和心情時，會和人類一樣使用「聲音」和「肢體語言」，採取訴諸視覺和聽覺的方式。

鸚鵡也會非常努力地向飼主表達自己的情緒。可是，畢竟人類和鸚鵡不同種，既然語言不相通，肢體語言的表達方式自然也不相同。為了和鸚鵡心意相通，良好的溝通是必要的，請各位飼主務必要了解鸚鵡表達心情的方式喔。

解答

聲音和肢體語言

第二個的答案除了**行為舉止**外，**身體動作**、**舉手投足**的意思也都正確！這道問題應該有不少人答對吧？……咦？你說是**羽毛**和**翅膀**？原來如此，看來你是羽毛狂熱者呢。

鸚鵡充滿了

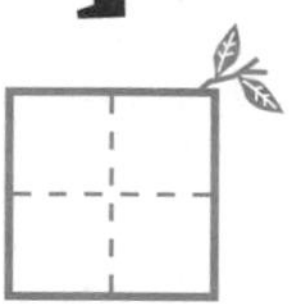

解答

愛

愛。這個字聽起來是多麼美妙啊！沒錯，鸚鵡心中充滿了愛♡♡♡。回答魅力、活力、可能性的人，這幾個答案雖然也會讓鸚鵡聽了覺得開心，不過請記得考慮一下字數喔。

多數動物為了留下優良基因，每次繁殖都會更換伴侶，採取一夫多妻的形式。但是幾乎所有鸚鵡都只會認定一隻作為自己今生的伴侶，給對方滿滿的愛。鸚鵡是非常專一且用情至深的動物，而這一點，對於身為異種動物的飼主也是如此。或許就是因為這樣，鸚鵡和人類才能夠和睦相處吧。

愛的表現方式會隨個體和鳥種而異，有的是透過說話表達，有的則會希望產生肢體上的接觸，形式各不相同。請飼主們務必要察覺愛鳥的表現方式喔。

補習課程

還想知道更多！

關於 愛的順序

鸚鵡是好惡非常分明的生物，和誰都喜歡的博愛主義相差甚遠，會對喜歡的人和鸚鵡明確地排出順位。接著就來學習「愛的順序」和「喜歡的標準」吧。

主題〉〉鸚鵡喜歡誰呢？

第1名
伴侶
對於為留下子孫而挑選的伴侶，鸚鵡的愛是任何人都無法取代的。只要還活著，就會想陪在對方身邊。

第2名
人類（最喜歡）
如果沒有視為伴侶的鸚鵡，那麼儘管知道對方是異種，有時還是會把最喜歡的人類列為第1名。

有時會交換

第3名
人類（第2名以下）
如果有很多人，那麼鸚鵡會明確地決定好喜歡的順序。名次愈前面，表示愈想和對方在一起！

第4名
其他鸚鵡
姑且不論好惡的問題，其他鸚鵡屬於只要在一起就會感到安心的存在。即使彼此合不來，也比孤零零來得好。

有時會交換

鸚鵡的喜歡標準？

還是雛鳥時，最喜歡的是照顧自己的人！但是隨著慢慢長大，鸚鵡會開始憑自己的標準來決定好惡。這套標準，是透過「好吃→喜歡」、「可怕→討厭」等經驗制定出來的。鸚鵡如果在成長過程中有過各式各樣的體驗，喜好或許會更加細分喔！

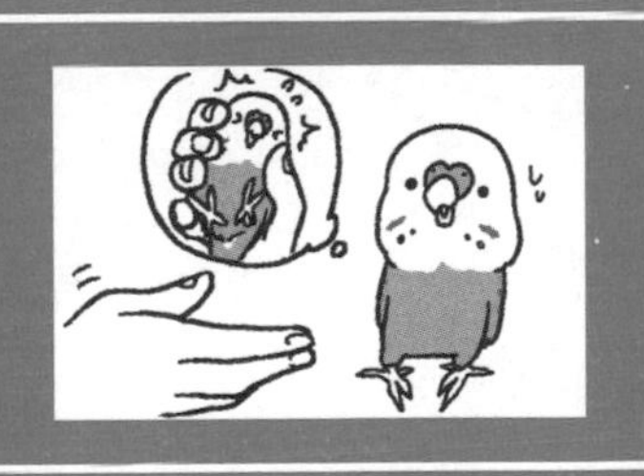

總結

鸚鵡會憑著自己的標準，決定喜歡的人和鸚鵡。其中，會想和伴侶（最喜歡的人）盡可能地在一起。

鸚鵡種類 繪畫圖鑑

介紹日本最多人
飼養的 11 種鸚鵡！

小型

虎皮鸚鵡

虎皮的體型嬌小，圓滾滾的眼睛非常可愛。個性多半愛玩、喜歡社交，而且很多都非常會講話！

棲息地	澳洲	體重	約 35g
體長	約 20cm	壽命	8 ～ 12 年

小型

桃面情侶鸚鵡

屬於「愛情鳥」的一種。對伴侶的愛意深切，喜歡肢體接觸。假使和伴侶之間的感情受到打擾，有時會變得具有攻擊性。

棲息地	非洲	體重	約 50g
體長	約 15cm	壽命	10 ～ 13 年

中型

玄鳳鸚鵡

迷人之處在於冠羽和腮紅！個性多半溫和乖巧，非常重感情。比起說話，一般更擅長唱歌。

棲息地	澳洲	體重	約 90g
體長	約 30cm	壽命	13 ～ 19 年

小型

牡丹鸚鵡

牡丹的特徵是眼睛周圍有白色眼線。個性雖然比較內向害羞，但因為是「愛情鳥」的一種，所以大多很重感情。

棲息地	非洲	體重	約40g
體長	約14cm	壽命	10～13年

中型

錐尾鸚鵡

很喜歡有趣好玩的事情，個性也非常親人，甚至還經常會翻肚呢。只不過，也容易養成亂咬東西的習慣。

棲息地	南美	體重	約65g
體長	約25cm	壽命	13～18年

小型

橫斑鸚鵡

橫斑有著一身波浪圖案的羽毛，特徵是走路時身體會往前傾。個性大多很悠哉，平時的叫聲也比較小。

棲息地	南美	體重	約50g
體長	約16cm	壽命	10～13年

小型

太平洋鸚鵡

體型嬌小，但是活力相當充沛！個性大多活潑又調皮。由於牠們過去在野外會啃咬樹木，因此啃咬力道非常大也是一項特徵。

棲息地	南美	體重	約33g
體長	約13cm	壽命	10～13年

中型

凱克鸚鵡

凱克的特徵是有著純白色的腹部。個性開朗活潑，好奇心非常旺盛！還有不少凱克會藉著搗蛋來吸引飼主的注意。

棲息地	南美	體重	約165g
體長	約23cm	壽命	約25年

大型

粉紅鳳頭鸚鵡

美麗的粉紅色羽毛為其特徵。非常喜歡肢體接觸，個性也很親人。因為稍微容易發胖，所以要注意控制餵食的量。

棲息地	澳洲	體重	約345g
體長	約35cm	壽命	約40年

大型

非洲灰鸚鵡

聰明程度數一數二！有些甚至還會配合時間、地點、場合挑選用詞說話。好奇心雖然也很旺盛，但也有個性細膩的一面。

棲息地	非洲、幾內亞	體重	約400g
體長	約33cm	壽命	約50年

大型

葵花鳳頭鸚鵡

迷人之處在於純白色的身體和黃色冠羽。智商很高，喜歡玩耍。由於大多會在早晚大叫，因此飼養之前請務必審慎評估。

棲息地	澳洲	體重	約880g
體長	約50cm	壽命	約40年

鸚鵡的身體

理所當然的，鸚鵡和人類的身體構造並不相同。而透過了解雙方身體構造上的差異，能夠幫助我們更加理解鸚鵡這種動物。那麼，就來挑戰看看以下17道填空題吧！

鸚鵡和人類的身體似乎不同

像我們這種有翅膀的生物，好像意外地稀少呢。
是喔～
牡丹同學還真是博學啊。
還、還好啦。
還有，主人也沒有鳥喙喔。
也沒有蓬鬆的羽毛。
體溫好像也相當低……
……
沒錯……而且主人也沒有我全身最迷人的地方，
精神奕奕
也就是這個冠羽！
呵呵！

1

身體

擁有專精於□□的身體

解答

飛行

應該沒有人回答**走路**、**游泳**吧？**飛行**是鳥類的特性。鳥類之中不會飛的有企鵝、鴕鳥、一部分的鴨子……咦？沒想到還挺多的耶。

當說起鸚鵡（鳥類）獨有而其他動物沒有的特徵，那就是會飛了！**牠們所有的身體機能，即便說是為了飛行特別打造出來的也不為過。**

　而其中最大的特徵，就是牠們有翅膀（羽毛）。**鸚鵡可以透過前後拍動翅膀，來讓自己前進。**翅膀往後動時，羽毛會緊密地貼合成一整片，藉此撥動空氣；回到前方時，則會打開羽毛的間隙以減少空氣阻力。另外，尾羽的功用則是在著陸時負責調整下降的速度。

補習課程

還想知道更多！

關於 鸚鵡的飛行

除了羽毛之外，鸚鵡的身體也有為了飛行而特別打造的特徵。接著就來學習3種鸚鵡的特殊身體機能吧！別忘了也要參考第41～42、46頁介紹的資訊喔。

主題〉〉鸚鵡「專門用來飛行」的特殊身體構造是什麼？

其1

強而有力的胸大肌

為了拍動大大的翅膀，鸚鵡擁有占整體重量四分之一的發達胸大肌。另外，還有用來支撐胸大肌、名為「龍骨突」的特殊骨頭。

其2

極為輕盈的身體

為了在天空中飛行，鸚鵡的體重極其輕巧，骨頭甚至還是中空的。而骨頭裡面布滿無數細小的支柱，藉以維持一定的強度。

其3

利用羽毛調節溫度

鸚鵡的羽毛能夠冷卻身體，避免體溫因飛行上升太多而過熱。當然，羽毛同時也具有保溫的功效（第87頁）。

總結

鸚鵡的身體，像是肌肉、羽毛、骨骼等全身所有的機能，可以說都是專門為了飛行演化而來。

鸚鵡的頭腦非常

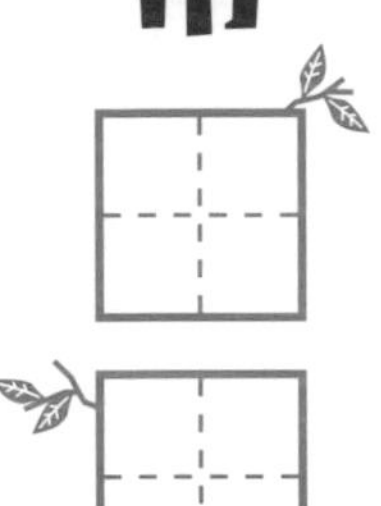

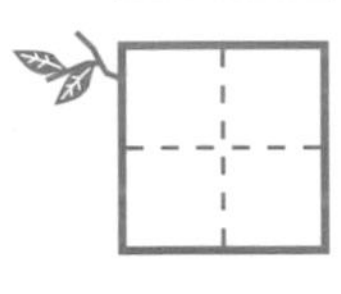

解答

聽明

應該沒有人回答**不好**吧？因為日文是以「鳥頭」二字來形容非常健忘的人，所以容易招人誤解。不過，飼主們想必都非常清楚鸚鵡有多聰明吧！

有一說認為「鸚鵡的腦很小，所以腦筋不好」，但其實這是大錯特錯。根據1990年代發表的研究報告，**鸚鵡的腦比預期中來得大，並且擁有等同人類2歲幼兒的智商**。另外，鸚鵡也有與掌管記憶和學習的「海馬迴」、「大腦皮質」類似的機能，**已知擁有很強的記憶力**。

而其中，非洲灰鸚鵡等大型鸚鵡的智商非常高。全世界最著名的非洲灰鸚鵡「Alex」，其智商據說甚至等同於5歲孩童。

補習課程

還想知道更多！

關於 精神上的變化

鸚鵡的腦會隨著成長過程中體驗到的各種經歷，逐漸成熟發育。因此，鸚鵡的精神也會隨之慢慢產生變化。接著就來學習鸚鵡在各個成長階段的基本情緒變化吧。

主題 》 鸚鵡在精神上會有哪些變化？

雛鳥、幼鳥

雖然沒有太多的思考能力，但是這個時期的鸚鵡會透過接觸各種事物，收集生存所需的情報。好奇心旺盛，不管對什麼都很感興趣。

成鳥

開始產生警戒心，會以安心、安全為第一考量。只要判斷現在所在之處是安全的，與生俱來的好奇心便會湧現。性成熟期的鸚鵡會因為發情，性格變得比較強悍！

老鳥

一方面想過得和年輕時一樣，另一方面卻又不再追求刺激，渴望一成不變的安定生活。喜歡和伴侶透過視線、交談，進行沉穩溫和的交流。

鸚鵡的叛逆期？

和人類一樣，鸚鵡也有叛逆期，分別是幼鳥期的「不要不要期」，以及剛迎來性成熟的「青春期」。突然變得會咬人，或是地盤意識增強的變化雖然會讓人嚇一跳，卻是鸚鵡健康成長的證明。請用寬容的心，耐心地守護牠們吧。

總結

鸚鵡的情緒會隨著成長階段產生變化。尤其在性成熟期，更需要配合鸚鵡的心情變化，以適當的方式對待牠！

鸚鵡有□個胃

解答

2

回答和人類一樣是1個的人，很可惜你答錯了！鸚鵡一共有2個胃。儘管同樣都是寵物，狗、貓和人都是哺乳類，但是身為鳥類的鸚鵡，身體構造卻是截然不同。

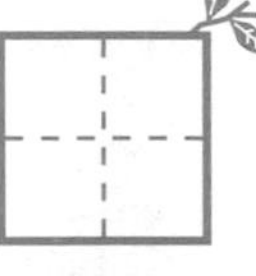

鸚鵡的身體和人類不同。你可能會想「這不是理所當然的嗎？」但是除了外表，其實體內的構造也完全不一樣。

第一個差別在於，鸚鵡有「前胃（腺胃）」和「後胃（肌胃）」這兩個胃。前胃負責分泌胃液，和吃進來的食物混合後送到後胃去；四周充滿肌肉的後胃則會將送進來的食物磨碎、消化。

不僅如此，像是沒有膀胱（第42頁）、雌性只有一個左側卵巢……等，除了消化系統外，和人類之間還存在著許多差異。

補習課程

還想知道更多！

關於鸚鵡的消化系統

LESSON 2

鸚鵡的身體

除了有2個胃之外，鸚鵡的消化系統和人類還有許多相異之處。聽到這一點，你是不是覺得很好奇呢？接著就來學習鸚鵡消化系統的祕密吧。

主題》鸚鵡的消化系統有何特徵？

嗉囊

在食道的途中有一個袋狀的「嗉囊」。吃進去的食物會在此暫時停留並初步消化。

大腸、盲腸

排泄物只要在體內堆積，體重便會增加，因此鸚鵡的大腸非常短。盲腸也短到只有一點痕跡的程度。

泄殖腔

➡第42頁

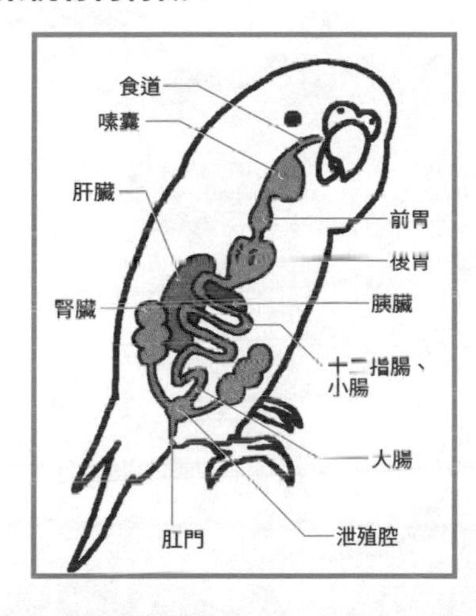

唾液

唾液的分泌量很少，幾乎不具消化能力，僅能為食物添加一些濕氣。

2個胃

➡第32頁

其他內臟器官

用胰臟分泌的「胰液」和肝臟所分泌的「膽汁」，在小腸進行消化、吸收。

鸚鵡吃東西是用吞的！

請仔細觀察鸚鵡的鳥喙，應該看得出來鸚鵡沒有牙齒吧？鸚鵡吃東西不是用牙齒咬碎，而是整個吞下去。食物是藉功能好比下顎的鳥喙之力，送進喉嚨深處，然後在後胃磨碎消化。

總結

鸚鵡吃東西是整個吞下去，送到後胃磨碎。之後在小腸消化、吸收，通過很短的大腸，最後從泄殖腔排泄出去。

最為發達的是五感中的□□

解答

視覺

回答**聽覺**、**觸覺**、**味覺**、**嗅覺**的人，很可惜答錯了！第二發達的則是聽覺，而且發達程度和人類差不多。順帶一提，回答**直覺**的人，那是第六感啦。

鸚鵡是白天活動的晝行性動物，可以一邊飛行一邊張望四周，**視力非常好，據說是人類的3～4倍**。另外，辨色能力也很優秀，甚至能夠分辨人類看不出來的顏色。

鸚鵡的眼睛長在臉的左右兩邊，是最重視逃離敵人的「防禦型」眼睛。視野的範圍高達330度，再加上脖子可以轉動180度，因此鸚鵡能夠360度環視周遭。

補習課程

還想知道更多！

關於 鸚鵡的五感

鸚鵡最發達的感官雖然是視覺，不過其他感官也都各自確實發揮了功能。所以，接著就來學習五感之中的聽覺、嗅覺、觸覺吧。至於味覺的介紹請見第38頁。

主題〉〉鸚鵡視覺以外的感官如何？

聽覺

聽覺能力據說和人類差不多。還有，為了減少飛行時的空氣阻力，所以鸚鵡沒有「耳廓」，耳洞四周則受到名為「耳蓋羽」的羽毛保護，從外面看不見。

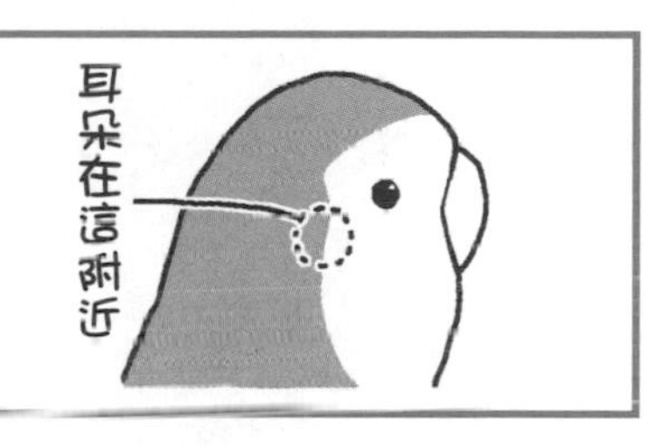

嗅覺

一般認為鸚鵡的嗅覺並不發達。但是，雛鳥身上一旦沾染上人類的氣味，有時會發生鸚鵡厭惡地啄雛鳥的情形，因此可以推知，鸚鵡的嗅覺能力應該和人類相當或是更為發達。

觸覺

只要被觸摸，感覺就會通過羽毛傳達至皮膚，再由大腦做出舒服或不舒服的判斷。雖然全身同樣有感應疼痛的器官，不過因為數量比人類來得少，所以感覺似乎比較遲鈍一些。

總結

鸚鵡的五感之中，果然還是視覺格外發達。聽覺和嗅覺的能力和人類相當或略好一些，觸覺則是比人類來得遲鈍。

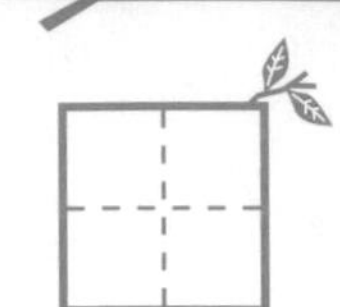

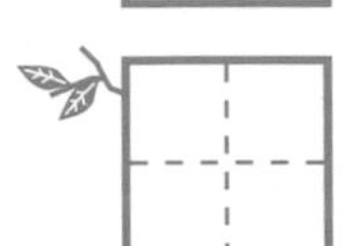

解答

鳥喙

從動作靈活這一點來看，可能會想要回答翅膀或羽毛，但很可惜答錯了！……咦？腳趾？你是說鸚鵡的腳趾嗎？這個答案雖然不正確，不過看來你對鸚鵡相當了解呢！

被稱為第三隻腳

鸚鵡的鳥喙有著上喙前端向下彎曲的特徵。上下鳥喙的前端都很尖銳，所以才能夠連堅硬的物體也順利咬破。

鳥喙堪稱是鸚鵡的「第三隻腳」。應該有許多人都見過自己的愛鳥用兩隻腳和鳥喙，在籠子裡攀爬的樣子吧？也就是說，如果停在你手上的愛鳥試圖使用鳥喙，那非常有可能不是想要咬人，而是想當成第三隻腳使用！

雖然看不見但其實有□□

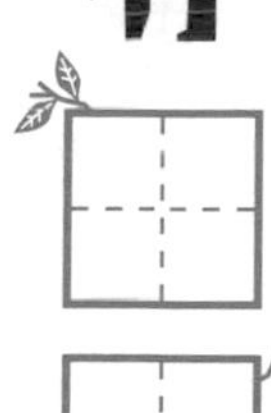

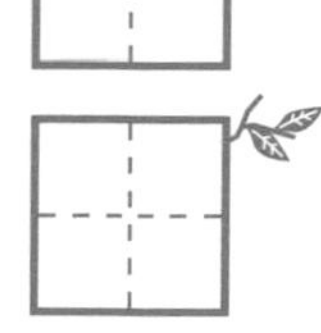

解答

鼻子

眼睛、翅膀、嘴巴、雙腳，這些全都看得見。正確答案是鼻子！除此之外，沒有其他……咦？你說耳朵？好吧，鸚鵡的耳朵確實是被藏在耳蓋羽下面，所以耳朵也算正確。

鸚鵡的鼻子大致可以分為兩種。一種是像虎皮和玄鳳那種可以看見，擁有蠟膜（鼻孔）、鼻子外露的類型。這種類型的鼻子，大多出現在居住於乾燥地帶的鸚鵡身上。

另一種則是像桃面情侶、牡丹那樣，鼻孔被羽毛覆蓋的類型，居住在多雨地區的鸚鵡多半皆是如此。另外，假使桃面情侶和牡丹的鼻孔突然整個露出來，就要特別小心了！這有可能是鸚鵡身體不適、流鼻水的徵兆。請務必要時時仔細觀察自己的愛鳥喔。

是意外擁有
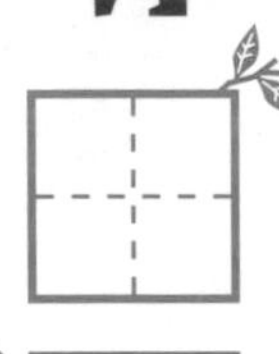

的美食家

解答

味蕾

這一題可能稍有難度。回答**味覺**的人算是勉強過關。至於回答**味覺受器**和**味覺細胞**的人，真是好博學喔！連你家的鸚鵡都對你投以尊敬的目光了！

味蕾是在脊椎動物的舌頭上，用來感受味覺的器官。儘管數量比人類少，但是鸚鵡的嘴巴上部和喉嚨也有味蕾。

各位可能會心想，既然鸚鵡的味蕾那麼少，味覺是不是也不發達呢？但其實**除了喜歡甜食外，有不少鸚鵡就像美食家一樣，對於舌頭觸碰到食物時的感覺、食物咬起來的觸感也很講究**。另外，鸚鵡**據說在小時候，就會對食物養成固定的喜好**。若是從雛鳥開始養，請盡量給予多樣化的食物，以養出不挑食的鸚鵡為目標。

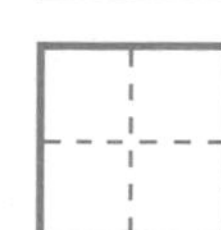

如果被剪掉會很難飛行

解答

羽毛

這一題應該算是送分題了。至於回答**翅膀**的人也算是答對了。雖然飛行是鸚鵡的特性，不過在美國，剪掉羽毛似乎是一般主流的做法。

為了限制鸚鵡的飛行能力而將羽毛剪掉，稱為「剪羽」。剪羽是具有爭議性的話題，有人持「可防止意外發生，也能降低鸚鵡的攻擊性」的意見表示贊成，也有人認為「應該尊重鳥類天生的能力」而反對。

要不要剪羽這一點，端看飼主本身如何決定，但是無論如何，自行剪掉羽毛都是不行的。**因為一旦弄錯剪的位置，有可能無法限制鸚鵡的飛行能力，還可能因為剪太多，使得羽毛失去降落傘的功能，甚至導致重傷**。剪羽時，請務必帶去給熟悉鳥類的獸醫師執行。

解答

性別

回答**雌雄**的人也算答對！至於回答**表情**的人，你很難看出來嗎……？請再多仔細觀察一下啦！咦？你說答案是**飼主**？這一點請放心！鸚鵡很清楚自己的主人是誰喔。

也有不易分辨

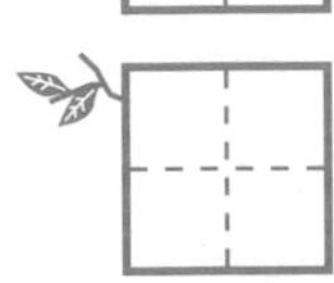

的鳥種

不同種類的鸚鵡，分辨性別的方法不盡相同。例如，一般認為虎皮是「雄鳥的蠟膜整體顏色相同，雌鳥則是鼻孔四周泛白」，桃面情侶是「雌鳥的頭部扁平，鳥喙很寬」。但是，其實就連專家也很難正確地分辨性別，所以「明明帶了雄鳥回家，結果卻生了蛋！」的例子可說是層出不窮。

然而，在鸚鵡之中還是有一眼就能分辨性別的鳥種。最具代表性的就是大型的折衷鸚鵡。雄鳥的羽毛顏色是綠色，雌鳥是紅色，兩者截然不同。

如果□□被勒住會很難受

解答

胸部

這是灰鸚校長所出的陷阱題。回答**脖子**的人，很可惜答錯了！鸚鵡的**脖子**即使被勒住，也不會對呼吸造成影響。但是，**胸部**如果被勒住就會無法呼吸……。

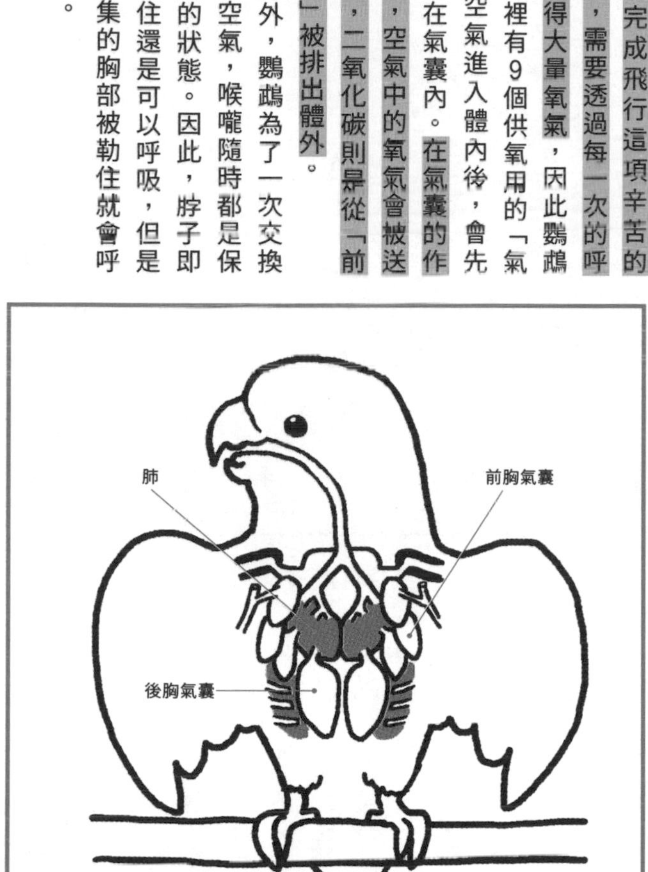

要完成飛行這項辛苦的體力活，需要透過每一次的呼吸來獲得大量氧氣，因此鸚鵡的胸部裡有9個供氧用的「氣囊」。空氣進入體內後，會先被儲存在氣囊內。**在氣囊的作用之下，空氣中的氧氣會被送進肺部，二氧化碳則是從「前胸氣囊」被排出體外。**

另外，鸚鵡為了一次交換大量的空氣，喉嚨隨時都是保持敞開的狀態。因此，脖子即使被勒住還是可以呼吸，但是氣囊密集的胸部被勒住就會呼吸困難。

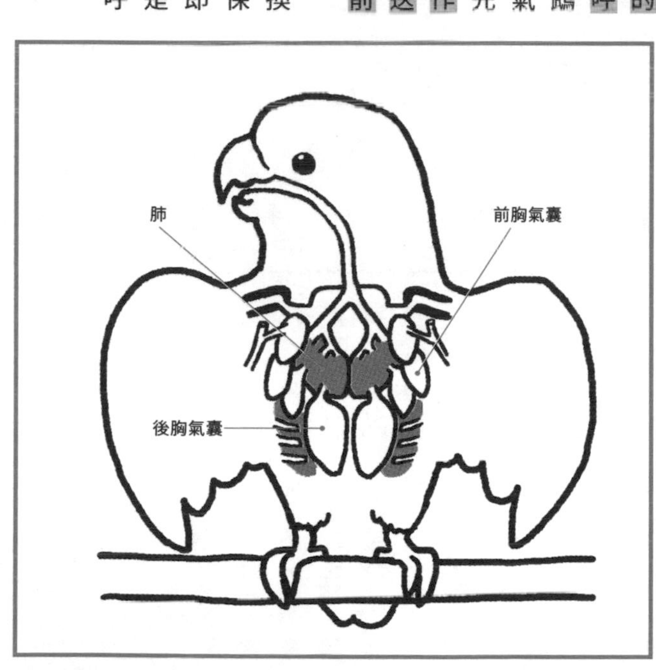

沒有膀胱，可是有□□□

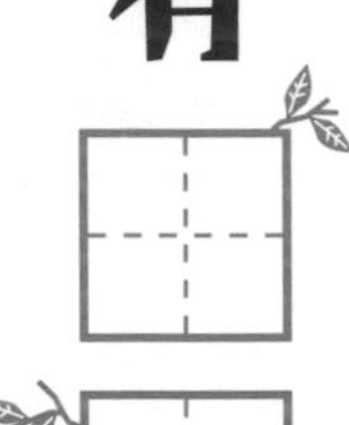

解答

泄殖腔

泄殖腔這個詞，對於人類飼主來說可能有些陌生。鸚鵡雖然有**肛門**，可是因為字數不符……所以只能算是勉強過關！

為了要在空中飛行，必須盡可能地減輕體重。因此，鸚鵡才會盡量把體內不需要的東西排出體外，不加以囤積。**鸚鵡的大腸非常短，當然也沒有膀胱**。完成消化吸收的食物殘留物，會立刻被當成糞便排泄出去。

鸚鵡有著人類所沒有的器官「泄殖腔」。**所有的消化系統、泌尿系統、生殖系統都在泄殖腔相連，然後經由肛門排泄出去**。如果是雌鳥，連卵也會通過泄殖腔，從肛門產出。

身體會產生名為□□的白色粉末

解答

脂粉

回答**皮屑**的人也正確！因為**脂粉**和**皮屑**是類似的東西。一聽到「白色粉末」，各位可能會聯想到有點可疑的東西……但絕對不是什麼危險物品！

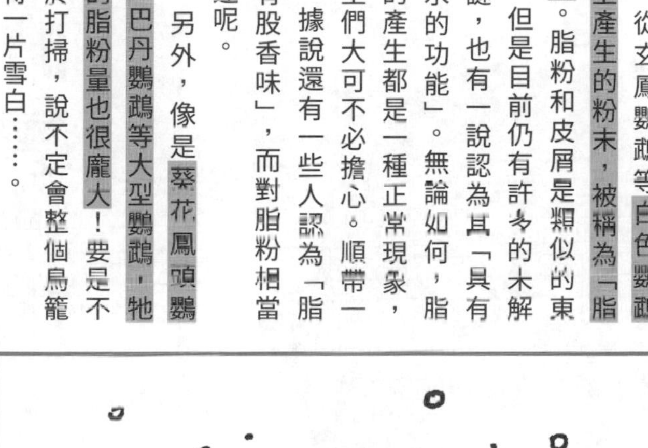

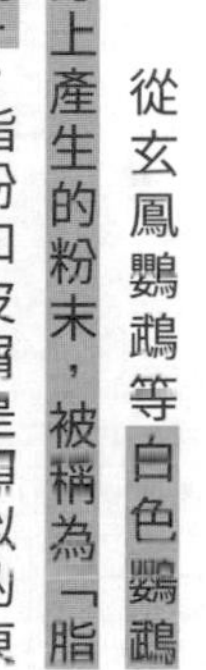

從玄鳳鸚鵡等白色鸚鵡身上產生的粉末，被稱為「脂粉」。脂粉和皮屑是類似的東西，但是目前仍有許多的未解之謎，也有一說認為其「具有防水的功能」。無論如何，脂粉的產生都是一種正常現象，飼主們大可不必擔心。順帶一提，據說還有一些人認為「脂粉有股香味」，而對脂粉相當著迷呢。

另外，像是葵花鳳頭鸚鵡、巴丹鸚鵡等大型鸚鵡，牠們的脂粉量也很龐大！要是不勤於打掃，說不定會整個鳥籠變得一片雪白……。

整理羽毛時會使用

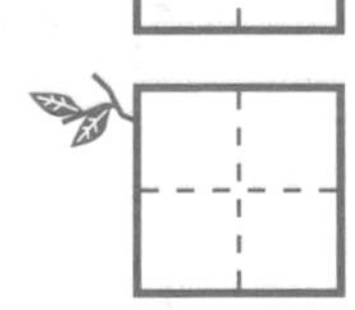

解答

油脂

有沒有人是回答**鳥喙**（嘴巴）呢？唔嗯，這個答案其實也沒有錯啦。至於回答**羽脂腺**或**尾脂腺**的人，你其實已經被大家尊稱為鸚鵡博士了吧？!

請仔細觀察鸚鵡腰的上半部，有看見小小的突起物嗎？這是被稱作為「羽脂腺」或「尾脂腺」，會分泌出油脂成分的地方。鸚鵡在整理羽毛時，會用鳥喙沾取這個油脂塗抹於全身，讓羽毛具備防水的效果。不過，玄鳳鸚鵡和亞馬遜鸚鵡的這個功能並不發達。

另外，這個油脂易溶於熱水，所以嚴禁用熱水幫鸚鵡洗澡（第172頁）。因為這樣羽毛會失去撥水功能，使得鸚鵡容易感冒。

有時□□會脫落

解答

羽毛

正確答案是**羽毛**。回答其他身體部位的人，假使遇到那種情況，請務必要帶愛鳥去醫院喔。……啊！鸚鵡有時也會像栓子鬆脫洩氣一樣，整隻鳥懶洋洋的，那樣表示牠很放鬆啦♪

羽毛的重量大約占了鸚鵡體重的10%。羽毛大致分為兩種，一是長在靠近皮膚和人腿附近、用來保暖的「絨羽」，另一種則是負責彈開水分（體羽）或負責飛行（飛行羽）的「正羽」。

鸚鵡的羽毛會定期生長替換，稱為「換羽」，而羽毛一口氣大量脫落的時期稱為「換羽期」。只不過，鳥如果被飼養在常年維持固定室溫的環境下，就不會有明確的換羽期，多半會在一年之中持續而緩慢地替換。

15

身體

正常體溫竟高達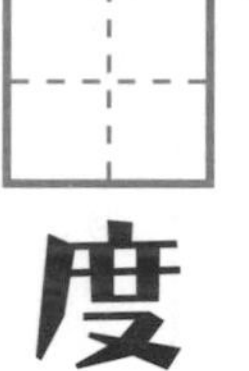度

解答

40

如果你回答36度等接近人類正常體溫的數字，那麼很可惜，你答錯了！鸚鵡的體溫比人類高上許多。各位不妨用手掌輕輕包住愛鳥，確認看看。……對吧？是不是很溫暖？

鸚鵡為了在緊急時刻能夠立即起飛，會讓身體隨時保持在「熱機」的狀態。因此，**鸚鵡會將吃下去的食物立刻燃燒，以維持較高的體溫**。正常體溫約比人類高5度，大概在40～41度之間。

換句話說，鸚鵡的食慾和體溫有著非常密切的關係。一旦生病導致食慾下降，體溫也會跟著下降，食慾因此更加不振……會演變成這樣的惡性循環。**鸚鵡身體狀況不佳時，勤於補充營養和適度的保溫非常重要**。

鸚鵡的□□非常靈活

解答

腳

如果是人類，可能就會填入**手指**這個答案，可是鸚鵡沒有手。**鳥喙**？**舌頭**？？這些雖然確實也很靈活，不過正確答案其實是**腳**。鸚鵡的足部功能和人類的手相近。

請仔細觀察愛鳥的腳，有看到4根腳趾是2根朝前、2根朝後嗎？這種腳稱為「對趾足」，鳥類之中，也只有在鸚鵡所屬的鸚鵡科、啄木鳥科、杜鵑科身上才見得到。**鸚鵡的腳之所以能夠自在地活動**，握住樹枝、抓起果實拿到嘴邊，還有**靈活地玩玩具，都要歸功於這個對趾足**。

另外，**鸚鵡的指甲也像人類一樣會長長**。生長速度因個體而異，如果太長了，建議還是剪掉比較好。

□□性物質非常危險！

解答

揮發

有害性和**化學**性……這兩種答案雖然也沒錯，不過這些是對人類而言也很危險的物質。以下將針對「對鸚鵡而言非常危險」的**揮發**性物質進行解說。

鸚鵡的嗅覺不是很好。話雖如此，鸚鵡還是有「喜歡的味道」，並且能夠在某種程度上感覺得到。

只不過，**鸚鵡對於香氛精油、指甲油等揮發性物質的反應非常強烈，必須十分小心。**鸚鵡一旦吸入揮發性物質，會因為**無法在體內分解而引發中毒症狀，嚴重還可能喪命**。

另外，氣體所引發的意外也很常見。尤其有不少鳥兒，都是因為吸到空燒氟素加工、鐵氟龍加工的平底鍋所產生的氣體而喪命。請各位飼主務必要謹慎留意。

鸚鵡的情緒

飼主有多了解「鸚鵡的情緒」呢？以下就透過84道填空題來確認！第3堂課分成表情、叫聲、舉動等6個部分。

如何吸引飼主的注意？

昨天，因為飼主沒看到我，我就拚命地叫，
結果就被罵了～
總是精力旺盛
虎皮同學
那你要不要試著用比現在更大的音量叫叫看呢？
好主意！
嘰———！咕咕———！
再大聲一點!!
你們在做什麼？好像很好玩！

嘰咕咕——
嗶——
嗶——
各位，你們太天真了！
玄鳳老師！
要讓主人過來身邊並且讚美我們，就要這樣做！
喔喔！
不不不，這樣還是不夠！
冒出
只要說出主人講的話，就一定能夠得到稱讚!!
呼呼過來這邊要去哪裡～
灰……灰鸚校長?!
??

課題1 從 表情 來解讀

鸚鵡的表情肌肉幾乎沒有發育。一般認為，這是為了盡可能減輕飛行用肌肉以外的重量之故。因此，觀察鸚鵡的表情時，不能只看單一部位的動作，而是要觀察全身。

鸚鵡的表情確認重點

眼睛

鸚鵡的眼神大致可分為「平靜」、「緊張」兩種。另外也要注意鸚鵡是用兩眼看，還是單眼看。

冠羽

若是玄鳳等有冠羽的鸚鵡，這部位也必須確認。鸚鵡會配合情緒「啪噠啪噠」地擺動冠羽。

鳥喙

心情平靜時會微微張開。一旦怒氣MAX，就會張大嘴巴威嚇。

全身

因為鸚鵡缺乏表情肌肉，所以會用全身來表達情感。請配合第82頁起的舉動介紹，解讀鸚鵡的情緒。

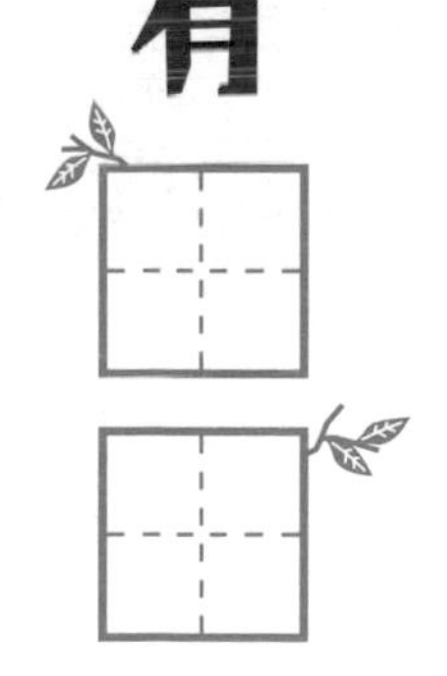

表情

會從正面看是因為有□□

和人類一樣，鸚鵡也會從正面盯著自己感興趣或關心的事物看。當然，有時是抱著「那是什麼？好像很有趣！」這種興奮期待的心情，有時則是懷著「感覺好可怕。得好好確認才行……」這種負面的情緒。請各位飼主配合鸚鵡的舉動，從整體來綜合觀察。

如果鸚鵡看的對象是飼主，那麼有可能是正在表現「最喜歡你了♡」的心情，或是提出「陪我玩！」、「我肚子餓了！」這類要求。無論如何，這都是和愛鳥交流的好機會！請務必做出回應。

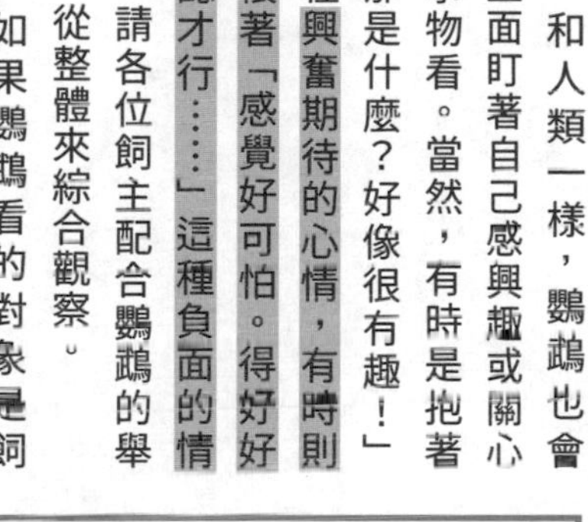

解答

興趣

回答**關心**的人也正確！雖然那份**興趣**和**關心**的含意未必是正面的，不過如果是目不轉睛地看著飼主，那麼大可以放心解讀成「最喜歡你了♡」的意思喔♪

盯……

單眼更能□□觀察

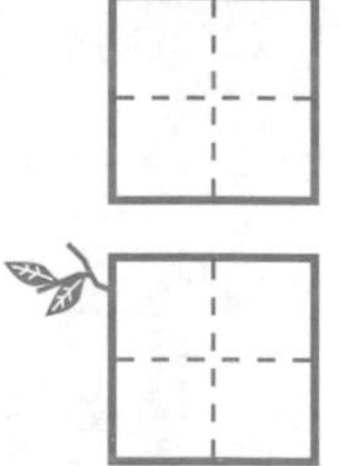

解答

仔細

回答**好好**、**確實**、**慢慢**的人也正確！至於回答**快速**、**迅速**的人，很可惜答錯了……！要記住鸚鵡的眼睛構造喔。

當見到鸚鵡斜眼看著某樣東西，人們很容易會以為「牠是不是不感興趣呢？」其實**鸚鵡的眼睛構造和人類不同，用單眼看反而更能看清細節**。原因之一，是因為用兩眼看，長長的鳥喙會阻礙視線，並且和對象物之間產生距離，用單眼看則更能仔細地觀察。

因此，給鸚鵡新玩具時，見到牠把頭別開，請千萬不要以為「牠是不是不想要啊？」喔。因為牠其實正專注地觀察呢！

瞬大眼睛是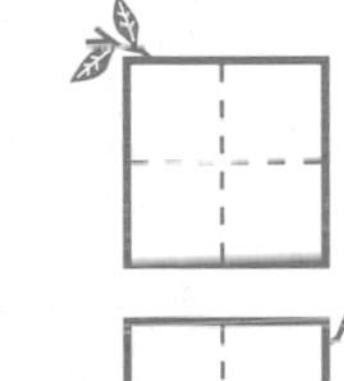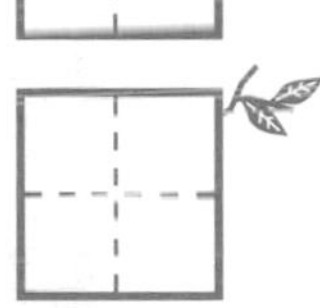反應

瞬大眼睛是感到驚訝或恐懼時會表現出來的生理反應。通常鸚鵡會表現出這種反應，附近一定有像是巨大聲響、陌生物體等原因。

由於瞬大眼睛的當下，鸚鵡受到了相當大的衝擊，所以一般幾乎都會立刻飛起來逃到空中。假使鸚鵡身在鳥籠內等無法自行逃離的場所，這時就是飼主出場的時候了！請飼主在愛鳥害怕到陷入恐慌之前，盡快將原因去除。

解答

生理

快樂、**真實**、**不甘**……各位的詞彙量豐富得令人吃驚！不過很可惜，正確答案是**生理**。道理和人類受到驚嚇時會不自覺地瞪大眼睛相似。

4 表情

瞳孔縮小表示□□度MAX！

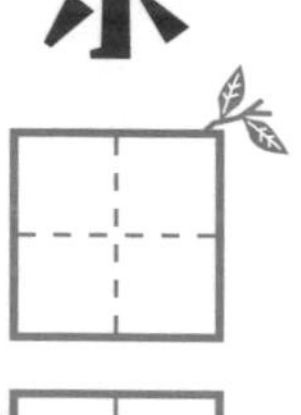

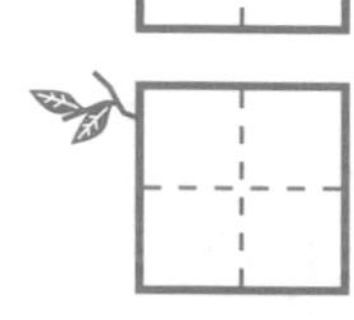

解答

興奮

可以寫成○○度的詞彙有很多，不過正確答案是**興奮度**！難易度、自由度、好感度、溫度、速度……各位飼主，不要自己天馬行空地發揮創意啊！

瞳孔（黑眼珠）縮成一點，是鸚鵡情緒興奮的象徵。這時的鸚鵡會產生「臭小子，要打架是不是！」的心態，變得較具攻擊性。由於這時把手伸出去，很可能會被啄、被啃咬，因此請千萬不要伸手。

另外，雄鳥在進入發情期之後，有時會因為荷爾蒙的平衡產生變化，導致攻擊性增強。發情的次數如果是一年1～2次就沒問題，但假使會定期反覆地發生，就屬於「過度發情」的不良狀態，這時飼主必須採取應對措施（第190頁）。

解答

糾結

回答**興趣**和**意欲**的人也正確！因為這屬於一半正面、一半負面的狀態……所以**快樂**或**善意**、**恐懼**或**悲哀**的回答也算勉強過關。

表情 5

瞳孔縮放是□□□□的表現

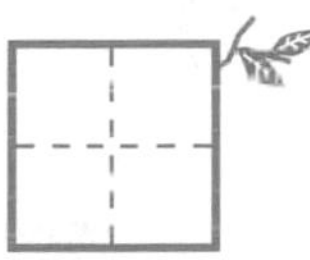

鸚鵡的瞳孔（黑眼珠）一下放大、一下縮小的情形，會出現在牠接觸像是新玩具等未知的刺激時。這時的鸚鵡，心裡恐怕正在「好在意，可是又有點害怕」這樣糾結吧。這是大腦活性化、求知慾和好奇心蠢蠢欲動的證據，請各位飼主務必讓牠好好地觀察。

順帶一提，會頻繁出現這種狀態的鸚鵡，個性多半好奇心旺盛，而且記憶力良好。如果飼主希望鸚鵡學會唱歌和說話，或許可以在挑選雛鳥時確認一下牠的瞳孔。

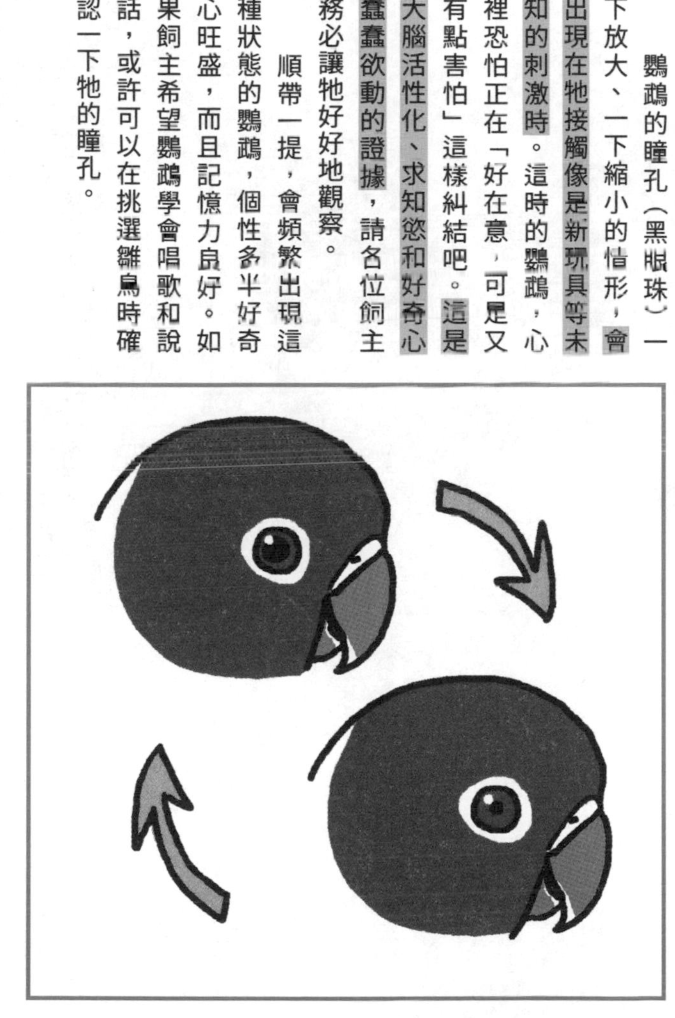

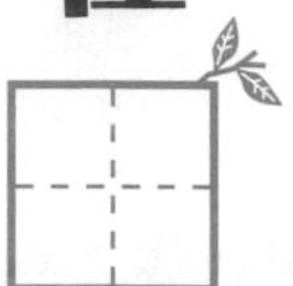

在□□時眼角會上吊

解答

生氣

回答**開心**、**快樂**等正面情緒的人，很可惜答錯了。其實人類也有「氣得眼角上吊」這樣的形容詞，鸚鵡也一樣。所以正確答案是**生氣**。

鸚鵡最常表達的情緒就是「NO」。牠們會透過將眼角上吊，向對方傳達「我生氣了！」的情緒，並且威嚇對方。飼主和鸚鵡一起生活久了，應該都知道鸚鵡其實意外地易怒吧？

像是心情不好時、嚇阻對方「不要過來」時、不想讓人發現自己很害怕時等，鸚鵡在各種的情況下都會露出這副表情。**由於鸚鵡缺乏表情肌，因此都是以這副表情來表達負面情緒**。所以，即使鸚鵡看起來怒不可遏，事實上「只是心情有點差」的例子並不少。

7

表情

撇開視線是為了

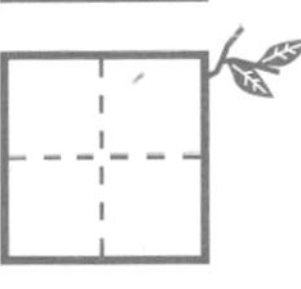

?!

當見到鸚鵡正在搗蛋咬牆壁，飼主「喂！」地喝斥一聲，結果鸚鵡把視線從壁紙撇開……這個舉動，極有可能是想要表達「咦？怎麼了嗎？我對壁紙才不感興趣呢」的意思。也就是說，**鸚鵡企圖敷衍、掩飾自己惡作劇的行為**。

話雖如此，就如同第34頁也提過的，鸚鵡的視野幾乎有360度。**即使把頭撇開，牠還是看得到**，所以牠其實只是擺出一個飼主容易理解的「姿勢」而已。

解答

敷衍

這一題感覺有很多詞都可以套用進去耶。雖然標準答案是**敷衍**，不過類似的詞像是**欺騙**、**掩飾**，在意思上也都正確。但是，所謂的欺騙其實並沒有那麼嚴重啦！

張大鳥喙

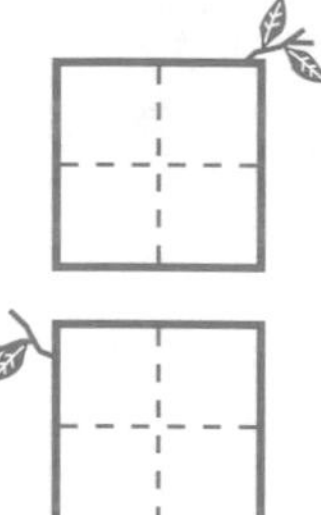

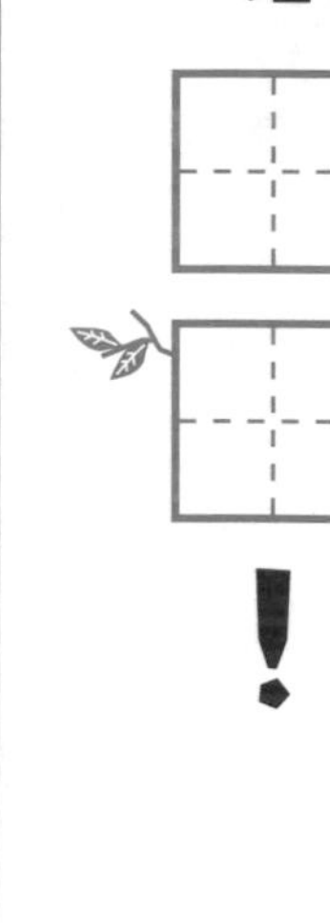

！

解答

威嚇

線索就在第58頁張大嘴巴的桃面情侶的插圖中。也就是正在威嚇！雖然字數超過很多，不過**怒氣MAX**這個答案也正確。

鸚鵡會將鳥喙張得大大的，是想要威嚇對方和表現憤怒。但是，光憑鳥喙無法表現情緒，當鸚鵡張大鳥喙時，眼角應該也會上吊才對。

生氣的原因有很多種，不過**多數鸚鵡都會在事情不如己意的時候發怒**。比方說，「得不到想要的東西」、「主人不理我，而是和別隻鸚鵡玩」等。但是儘管如此，鸚鵡的怒氣基本上是「來得快，去得也快」，即使點燃了怒火，經常也只要幾秒鐘就熄滅了。

LESSON 3

鸚鵡的情緒

9

表情

伸舌頭的意思是「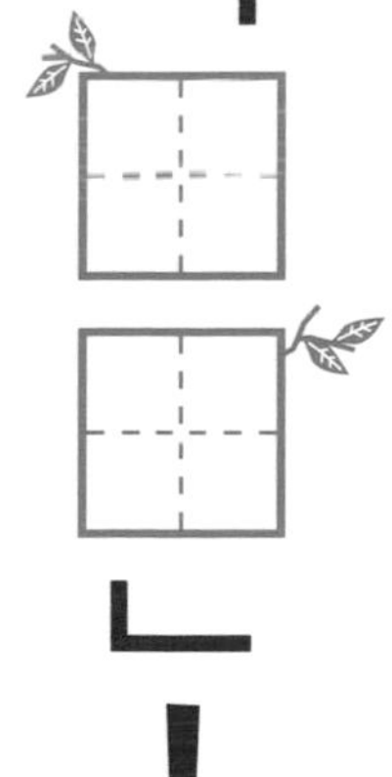」！

倘若鸚鵡張開嘴巴，眼神卻依然柔和平靜，那就表示牠沒有在生氣。如果鸚鵡伸出舌頭，那麼很有可能是在央求主人把手裡的東西「給我！」鸚鵡會討的東西不只是食物，像是看起來很好玩的玩具等，也都會以相同方式表現。

還有，鸚鵡的舌頭是一整塊肌肉，能夠像人類一樣隨意自在地活動。當鸚鵡用鳥喙接住某樣東西時，仔細觀察可以發現，鸚鵡是用上喙和舌頭靈活地將東西夾住。

解答

給我

回答**想要**、**想吃**的人，在意思上也同樣正確！因為人類同樣會在想吃什麼的時候「啊～」地張開嘴巴，所以這題答對的人應該不少吧。

一旦覺得□□，嘴巴就會放鬆

比方說搔癢的時候，鸚鵡的嘴巴會放鬆微張，是因為覺得很舒服的關係。大概是太放鬆自在了，所以鳥喙四周的肌肉弛緩了吧。這個時候，鸚鵡的眼睛應該會快要瞇起來，表情也一副陶醉的樣子。假使經常能夠看見鸚鵡這副模樣，那麼飼主說不定擁有神之手呢！

話雖如此，還是有必要注意不要過度撫摸。由於撫摸這種行為類似於鸚鵡伴侶之間的互相理毛（第146頁），因此有可能會誘發發情。

解答

舒服

舒適、舒暢的意思也正確！另外，鸚鵡如果嘴巴微張，同時張開翅膀，就表示牠覺得太熱了！這兩種是不一樣的情緒，請飼主們要仔細觀察喔。

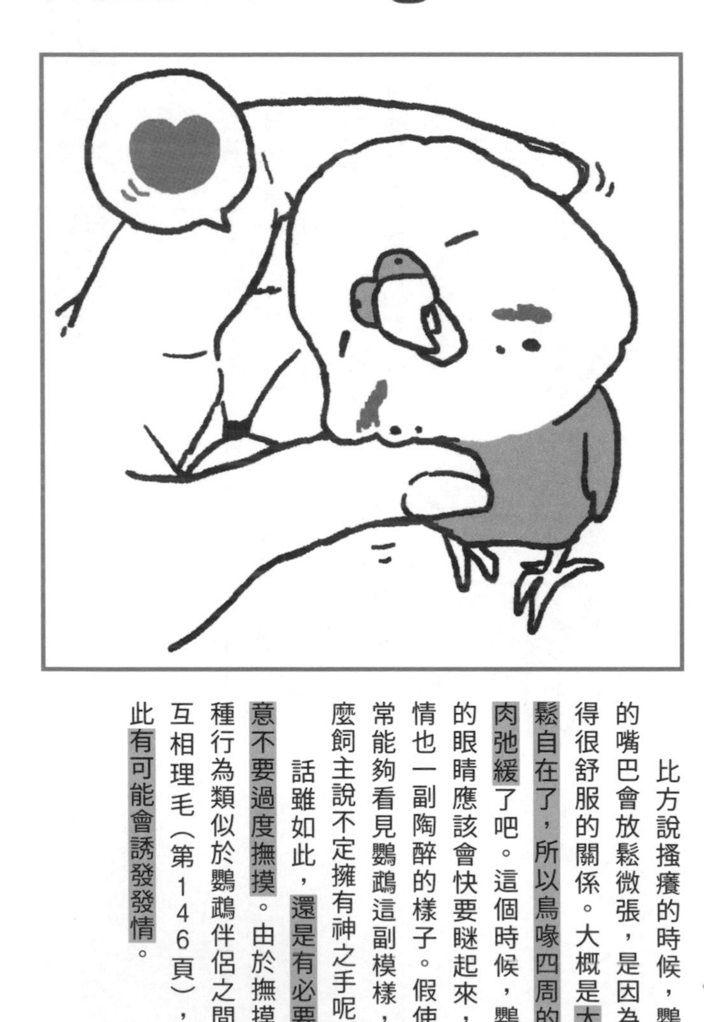

解答

放鬆

如果是**悠哉**、**慵懶**等和**放鬆**語意相近的詞，那麼在意思上同樣正確！至於回答**生氣**、**專注遊戲**的人，很可惜答錯了。這不是會在情緒激動時出現的舉動。

11 表情

冠羽放平表示現在很□□

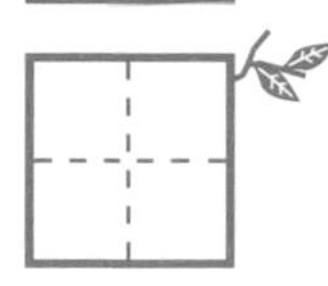

玄鳳和葵花鳳頭的頭部，有名為「冠羽」的冠狀毛束。冠羽類似貓狗的尾巴，不會受鸚鵡本身的意志控制而產生動作。因此只要仔細觀察，就能從中窺探出鸚鵡的真實心聲。

首先是冠羽服貼放平的狀態。這表示鸚鵡此刻想要放鬆、悠哉一下。當冠羽呈現這種狀態時，請千萬忍住不要去逗弄鸚鵡。如果硬是去逗弄，鸚鵡可能心想「你這個人一點都不了解我的心！」喔。

情緒

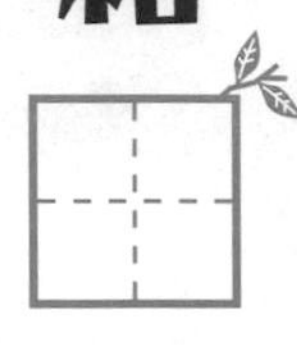

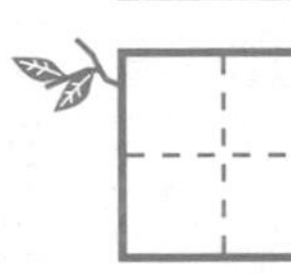

，冠羽就會豎起！

解答

亢奮

若是回答**平靜**、**鎮定**等與「靜」相關的詞，那麼很可惜你答錯了！冠羽豎起是鸚鵡情緒亢奮的證據。姑且不管字數，回答**很high**的意思也同樣正確。

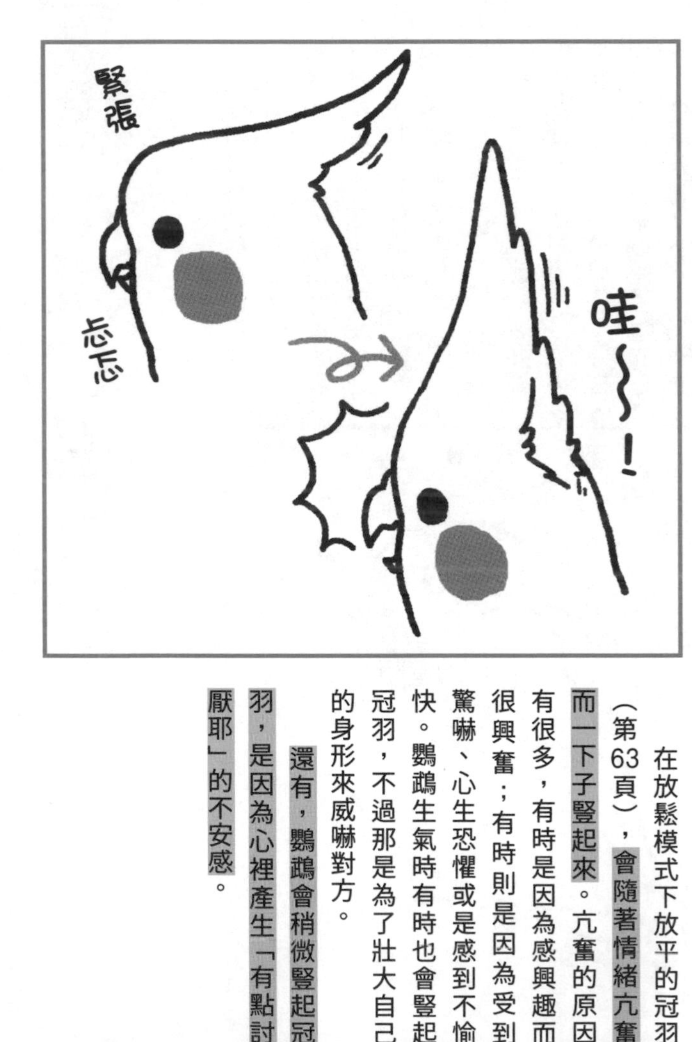

在放鬆模式下放平的冠羽（第63頁），**會隨著情緒亢奮而一下子豎起來**。亢奮的原因有很多，有時是因為感興趣而很興奮；有時則是因為受到驚嚇、心生恐懼或是感到不愉快。鸚鵡生氣時有時也會豎起冠羽，不過那是為了壯大自己的身形來威嚇對方。

還有，鸚鵡會稍微豎起冠羽，是因為心裡產生「有點討厭耶」的不安感。

冠羽晃動表示內心

放鬆時會放平，情緒亢奮時會豎起……冠羽會隨著鸚鵡的心理狀態產生不同的動作。

因此，當冠羽一下放平、一下豎起，就表示鸚鵡的內心也正在搖擺不定。比方說看到新玩具時，在「很在意卻又好害怕」、「想靠近卻又想逃跑」這樣相反的情緒拉扯下，不知道該採取何種行動。只要飼主告訴牠「很安全喔」，鸚鵡應該就會產生「來試試看好了！」的正面心態了。

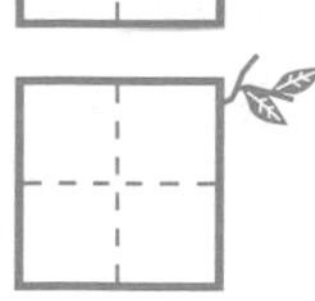

解答

動搖

回答**糾結**也正確！因為「太直接表現在舉動上」了，反而有可能讓人猜不透。連續出了3道關於「冠羽」的問題，不曉得答對的人多不多呢？

從叫聲來解讀

鸚鵡鳴叫的用意和人類說話一樣，是為了和同伴溝通交流。自第67頁起將介紹各種叫聲所代表的情緒，不過，其實從聲音的高低和大小聲，也能在某種程度上解讀鸚鵡的心情。

鸚鵡的叫聲確認表

高亢

理我嘛

鸚鵡在抱著輕鬆的心情，表達「理我嘛」時，會發出這種穩定的叫聲。

糟糕～!!

發出高亢而大聲的鳴叫代表鸚鵡心生警戒。有可能是想向周圍的同伴傳達發生危險了。

小聲 ⟷ 大聲

悠哉～

若是低沉而小聲的鳴叫，表示鸚鵡正處於非常放鬆的狀態。有時候還會在睡前「嘰咕嘰咕」地磨鳥喙。

嘀嘀咕咕…

氣噗噗

當感到不滿，鸚鵡就會發出混濁低沉的叫聲。聲音會愈來愈大，是因為覺得事情不如己意。

低沉

鸚鵡的叫聲有好幾種！

鸚鵡的叫聲可大致分成3種：確認同伴存在的「鳴叫」、求愛或確認地盤的「鳴唱」、威嚇時發出的「警戒叫聲」。接著就來試著分辨愛鳥的叫聲是哪種鳴叫方式吧。

解答

我愛你

最喜歡之類的答案在意思上也正確！人類雖然有時會以閃煞車燈（？）等拐彎抹角的方式來表達**愛意**，不過鸚鵡的表達方式更為直接♡

「嗶嚕嚕嚕」是□□□的象徵

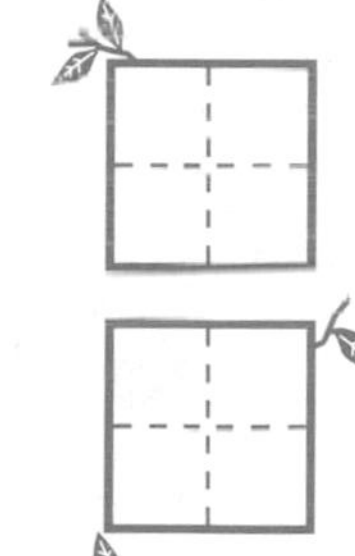

鸚鵡是充滿「愛」的動物（第20頁）。**表達愛意的方式也非常熱情，會鳴唱出「嗶嚕嚕嚕」的美麗叫聲**。另外，這種叫聲也被認為具有「我接下來要在這裡生育小孩喔！」向周圍宣示地盤的意思。

鸚鵡不只會對同類示愛，有時也會向飼主表達愛意。如果聽到這個叫聲，那麼大可想成「鳥寶很愛我呢～」！

還有，**鸚鵡基本上只有雄鳥會示愛，雌鳥則不太會發出這種叫聲**。

解答

吸引你的注意

回答想**叫主人起床**的人，請麻煩自己起床喔。不考慮字數，回答**表達對你的喜歡**的人，其實鸚鵡這麼做也真的表示不討厭你啦……!! 至於回答**試圖逗主人笑**的人，感覺經驗很老到喔。

2

叫聲

呼叫是為了

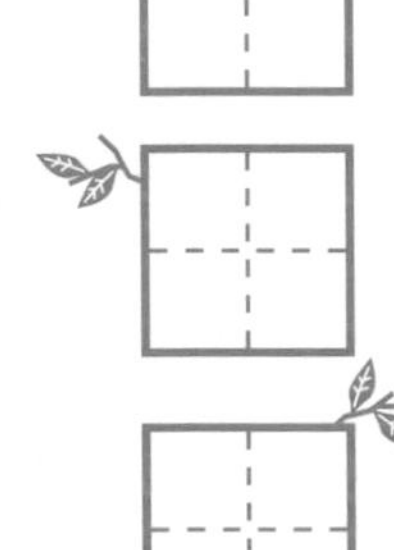

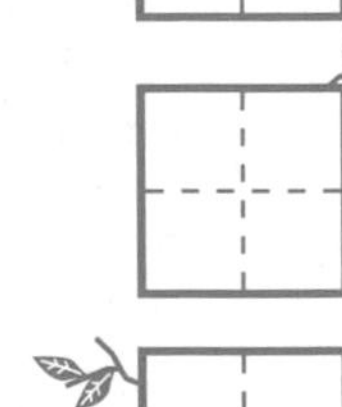

聽說有許多飼主，都因為鸚鵡會大聲地「嗶～嗶～嗶～！」而感到困擾。其實，這是一種想要吸引你注意的「呼叫」行為。鸚鵡只要心生不滿或不安，就會忍不住提高音量喊道「喂！聽我說啦!!」這時，假使飼主做出反應，鸚鵡非常有可能會學習到「只要我叫，主人就會來」，並且愈來愈變本加厲！

不過，也有一些鳥種生來叫聲就比較大。例如桃面情侶、牡丹等愛情鳥，以及紅領綠鸚鵡、大型鸚鵡等，迎接鳥寶回家前請先做好心理準備。

希望鸚鵡不要呼叫了！

我家的桃面情侶鸚鵡超愛呼叫！即使告訴牠「不可以這樣」，牠卻愈來愈變本加厲……因為音量實在太大，真希望牠可以別再呼叫了（淚）。

飼主A小姐

明確教導鸚鵡可以容許的音量

一旦對呼叫做出反應，聲音只會愈來愈大。不只是接近鸚鵡，就連瞪牠也都是一種反應，因此當呼叫聲大到「無法容許」的程度時，就要徹底零反應。此外，也要教導牠「如果是這樣就OK」的「可容許」音量。首先，由飼主發出「啾、啾」的叫聲示範，讓鸚鵡模仿。只要鸚鵡以這個聲音呼喚時，飼主就做出反應，鸚鵡就不會再大聲鳴叫了。

什麼嘛～人家明明是想和心愛的主人卿卿我我才呼叫的……可是，既然主人很困擾那也沒辦法了。我會稍微克制一點的啦！

向鸚鵡提問！

想要呼叫的時機 Best 3

第1名 因為無聊
「在鳥籠裡閒閒沒事做……」、「想要有人陪我玩！」

第2名 因為寂寞
「沒有人在讓我感覺好不安！」

第3名 因為肚子餓
「飼料盒空了啦！」、「快點注意到啊 !!」

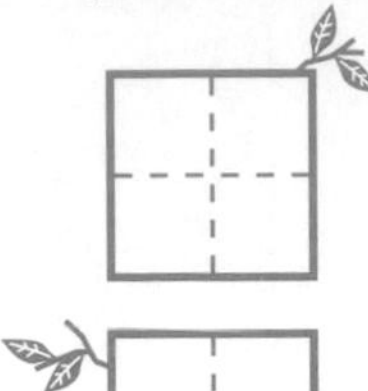

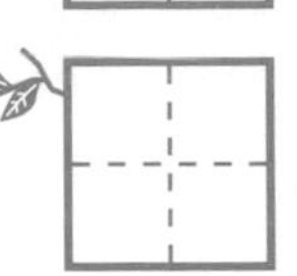

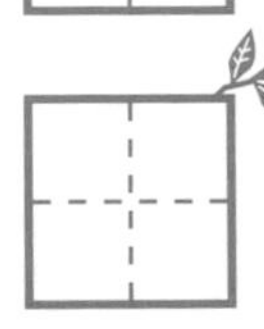

□□□□時會「嘁嘁」叫

解答

興奮期待

只回答**興奮**在意思上也正確！以人類來說，發音相近的咂舌聲「嘖！」是用來表現負面情感，所以會讓人想填入**心情煩躁**或**怒氣沖沖**之類的答案，但其實這是開心時會發出的聲音♪

這是鳴叫的一種，**是鸚鵡在興奮時會情不自禁發出的自言自語**。好奇心旺盛的鸚鵡只要發現有趣的東西，經常都會發出這種聲音來表達「那個好像很有趣、很好玩耶～♪」的興奮期待感。

然而，**好奇心旺盛的鸚鵡雖然記憶力好，而且擅長獨自玩耍，但是也有稍微容易厭倦的一面**。為了隨時滿足鸚鵡的好奇心，像是每周更換新玩具等，飼主得在這方面多花點心思喔。

解答

不悅

以人類來說，「嘎！」的叫聲主要是用來表現吃驚的情緒，但這個答案若是套用在鸚鵡身上只能算勉強過關。如果你是回答**不悅**、**反抗**等表示抗拒的詞，那麼就完全正確！

4 叫聲

用短音的「嘎！」表達

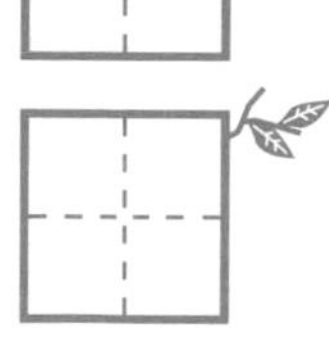

有人拿不喜歡的玩具靠近自己、被人觸碰到不喜歡的部位，或是玩得正開心時被人打擾，這時鸚鵡會發出短音的「嘎！」藉此表達「不要啦！」的抗議。

假使在和鸚鵡相處時，聽到鸚鵡發出「嘎！」的叫聲，就表示牠相當不喜歡飼主的行為，最好馬上停止。鸚鵡的怒氣基本上來得快、去得也快，只要立刻停止牠討厭的行為，鸚鵡就會「好吧，算了」地平息怒火。

長音的「嘎～」是□□的表現

解答

抗拒

接下來是聽起來比短音「嘎！」更加悲壯的「嘎～」。若是套用在人類身上，會讓人很想回答**恐懼**這個答案，但其實這個聲音更傾向於表達強烈的**抗拒**和**憤怒**。

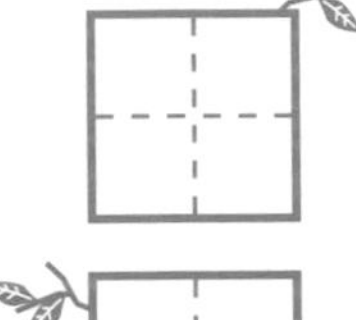

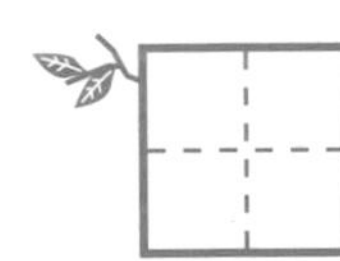

欲表達比些許不悅**更加強烈的抗拒心理時，鸚鵡會大聲地「嘎～！」**如果聽到這個聲音，表示鸚鵡的怒氣ＭＡＸ！假使鸚鵡是對飼主發出這個聲音，那麼請務必儘早安撫牠，否則置之不理的話，有可能會真的被鸚鵡討厭。

還有，鸚鵡雖然基本上很快就會消氣，但是**如果一再讓牠不開心，鸚鵡有時也會累積怒氣然後一口氣爆發**。在這種情況下，鸚鵡有可能會很長一段時間，甚至是一輩子都不理會對方喔。

解答

怒氣

繼不悅、抗拒之後，這次的答案是**怒氣**。可能有些人會問「鸚鵡是不是很易怒啊？」關於這個問題實在很難完全否認呢～至於回答**興奮**、**緊張**的人，算是勉強過關！

「呼～」的叫聲表示

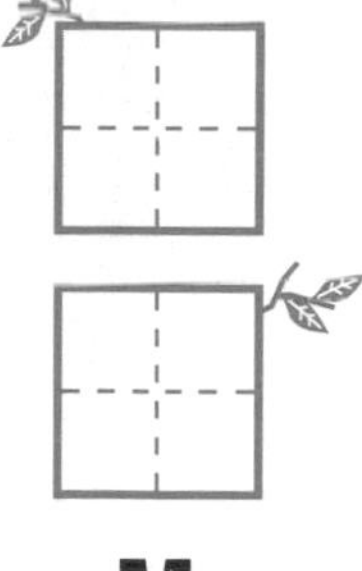

MAX！

觀察鸚鵡「呼～」地吐氣時的臉，應該可以發現羽毛整個蓬起來了。這是鸚鵡的怒氣指數達到巔峰時的叫聲。假使鸚鵡發怒的原因是飼主，請先向牠道歉，然後暫時不要去理牠。這時如果還去接近牠，極有可能會被狠咬一口。

另外，飼主如果對著鸚鵡「呼～」地吹氣，鸚鵡也會認為飼主生氣了。胡亂對鸚鵡吹氣是NG的行為，但是偶爾利用這個方法向鸚鵡表達「我生氣了喔！」也是不錯的做法。

態度□□時會「喀、喀」叫

鸚鵡會發出「喀、喀」的叫聲，幾乎都是身在鳥籠等自己的地盤時。鸚鵡身處自己的地盤時會開啟強硬模式，並且朝著企圖入侵地盤的對象「不准進來！」地加以威嚇。

然而就和人類一樣，鸚鵡態度強硬時音量會變大，所以「喀、喀」的叫聲也會大聲起來。假使鸚鵡是「喀」地小聲吐氣，那麼有可能是在咳嗽。如果久咳不癒，請記得要找獸醫師諮詢喔。

解答

強硬

會回答愉悅、欣喜的人，大概是聯想到了人類「咯咯」的笑聲吧。但是，事實上正好相反！這是鸚鵡在態度強硬地表示「要打架嗎?!」時的聲音。

「咕咕」是時發出的聲音

和人類在感到幸福時會情不自禁地「呵呵！」笑出來一樣，鸚鵡的「咕咕」聲也有著相同意義。這是鸚鵡自言自語地表達喜悅之情的方式。只要在鸚鵡玩著喜歡的玩具時豎耳傾聽，說不定就能聽見這個叫聲喔。

另外，最喜歡「結伴」的鸚鵡**在全家人一起聊天時，有時也會發出「咕咕」聲來傳達快樂的心情**。這時，請對牠說「好開心喔」，和牠一同分享喜悅。如此一來，飼主與愛鳥之間的情感一定會更加深厚。

解答

開心

看過隔壁的第74頁後，可能會有人想像「咕咕」也是**生氣**時或態度**強硬**時發出的聲音，但其實**開心**才是正確答案！「咕咕」的叫聲好像在笑一樣，很可愛吧♡

說話是因為希望主人理會自己

解答

理會自己

回答**誇獎自己**、**感到高興**的人也正確！換個角度來說，飼主如果沒有反應，鸚鵡說話就不會進步。說話也是溝通交流的一環喔。

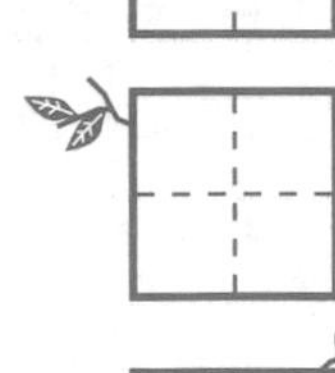
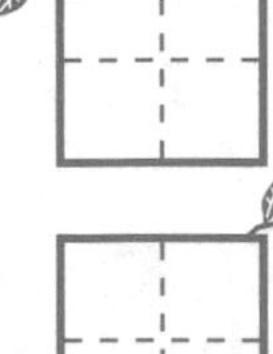

鸚鵡經常會觀察飼主。不僅如此，**鸚鵡一旦將人類發出的聲音和語言，視為與同伴溝通交流之用的「鳴唱」，便會練習讓自己也能發出相同的聲音**。也就是說，鸚鵡說話的動機，其實是因為希望主人理會自己。只要飼主有所反應，就會更加努力地反覆練習。

另外，有些品種的鸚鵡擅長說話，也有的並不擅長。虎皮、太平洋、錐尾、非洲灰鸚鵡等則多半擅長說話。

補習課程

還想知道更多！

關於 說話訓練

假使非常希望能享受與鸚鵡對話的樂趣，那麼請在一開始就挑選擅長說話的鳥種來飼養。再來，製造鸚鵡說話的動機非常重要！那麼，以下就教導大家和鸚鵡快樂對話的祕訣。

主題〉〉教導鸚鵡說話的祕訣是什麼？

祕訣 1

在話語中加入情緒

由於語言是溝通工具，因此話語中帶有情緒，鸚鵡也會比較容易記住。相反地，鸚鵡對於缺乏感情的話語和CD語音，則不會有什麼反應。

祕訣 2

從遠處對牠說話

從離鳥籠稍遠的地方對牠說話這一點很重要。直接肢體接觸時因為沒必要，所以鸚鵡不會說話。

祕訣 3

先從高音開始

鸚鵡擅長發出高亢而響亮的聲音。一開始由女性或小孩子負責教導，鸚鵡會學得比較快喔。

陸續出現學會髒話的鸚鵡！

有些鸚鵡會學會人類吵架時所說的髒話，以及「好痛！」等無意間說出的話語。這是因為那些話之中帶有感情、好發音，而且發出聲音時的狀況具有戲劇性。換句話說，只要話語具備這三項條件，鸚鵡就很容易學會。

總結

要訓練出會說話的鸚鵡，製造鸚鵡說話的「動機」非常重要。再來就是在話語中加入感情！

有時會嘀嘀咕咕地□□語詞

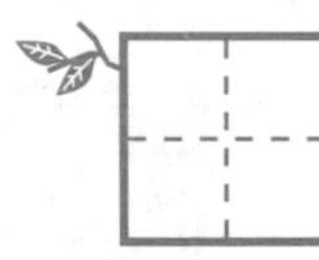

解答

練習

除了標準答案的**練習**之外，回答**複習**的人也答對了！居然會練習學過的語詞，是不是好認真、好可愛啊？沒錯，鸚鵡這種生物就是如此可愛到讓人受不了♡

嘀咕
啾嚕嚕嚕
嘰嚕嚕嚕嚕
嘀咕

嘀咕
嘰嚕嚕嚕嚕
咕啾啾啾啾
嘀咕

到了晚上，鸚鵡有時會嘀嘀咕咕地不知道在自言自語什麼。這其實是**鸚鵡為了想起白天聽到的語詞，所進行的發聲練習**。透過反覆的發聲練習學會人類發出的聲音，進而學會各式各樣的語詞。

至於**應該已經睡著的鸚鵡會嘀嘀咕咕，則無疑是在說「夢話」**。因為目前已知鸚鵡也會做夢，所以牠有可能正在夢裡和主人說話呢。這時，請悄悄地豎耳聆聽，小心不要吵醒牠喔。

解答

反應

這題的動機和說話一樣，正確答案是**反應**或**回應**。至於回答**獎勵**的人，鸚鵡才沒有那麼現實呢……我是很想這麼說，不過就內容而言算是正確。

11 叫聲

模仿聲音是因為有□□

有些鸚鵡非常擅長模仿生活中的聲音。最常見的就是電鈴的「叮咚」、電話嘟嚕嚕的來電鈴聲、微波爐的「叮！」、相機的「喀擦」、洗衣機的「嗶嗶」等。**尤其模仿電鈴和電話的聲音，會讓飼主做出「奇怪，是誰來了？」的反應，因此有許多鸚鵡都很積極地想要模仿。**

如果得不到飼主反應，鸚鵡就會停止說話和模仿聲音。請記得要經常做出反應喔。

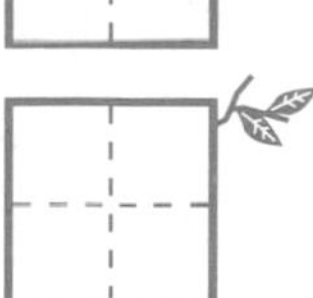

唱歌是因為主人會

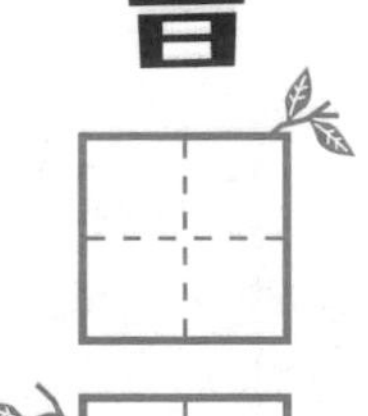
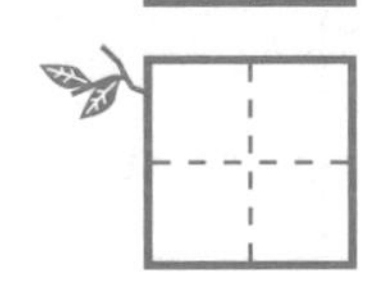

解答

高興

這題的思考方向也和說話（第76頁）一樣。**理會**、**稱讚**、**開心**也都正確！應該沒有人都到了這個時候，還回答主人會**生氣**（？）這種古怪的答案吧？

鸚鵡之所以唱歌，理由基本上和說話一樣，是因為希望主人理會自己。**學唱歌的方式也和說話、模仿聲音相同，是透過反覆發出耳朵聽見的聲音來讓自己進步**。鸚鵡如果在唱歌途中忘了旋律，有時還會自己隨意地譜出曲調。另外，也有的鸚鵡不是單純的模仿，而是在心情好時唱出自己獨創的歌曲。

由於唱歌的難度似乎比說話來得低，因此即便是像玄鳳這種不擅長說話的鳥種，也有不少鳥寶很會唱歌。

鸚鵡四格漫畫 唱歌篇

唱歌好開心！

晨喚

課題3 從 舉動 姿勢 來解讀

例如開心時會晃動身體表現「等不及了！」的心情，鸚鵡的情感表現方式非常清楚易懂。為了更正確地探知缺乏表情的鸚鵡的情緒，接著就來了解各種舉動和姿勢所代表的意思吧。

鸚鵡的基本舉動

●身體的大小 身體變大是出現在想要壯大自己的身形時。

窄 → 寬

好可怕喔！

和人類一樣，鸚鵡在感到恐懼時，會把身體縮得小小的。

平常心……

這是平常模式。認為自身周邊沒有危險逼近。

火大！

身體會膨脹變大，是因為想壯大自己的身形來威嚇對方。

●動作的大小 情緒一旦亢奮起來，動作也會跟著變大。

小 → 大

呼～

平常模式下的鸚鵡沒什麼動作。另外，覺得熱時會稍微張開翅膀。

興奮期待♪

興奮時會稍微張開翅膀♪無法壓抑開心的情緒！

等不及啦!!

激烈地晃動!! 因為太迫不及待了，所以忍不住表現得很亢奮。

1 舉動

翻身躺著是□□的證據

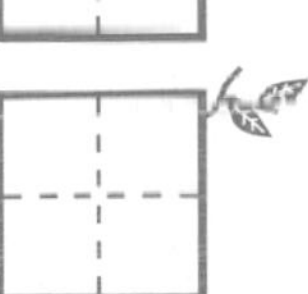

解答

安心

回答**服從**的人，也許是從其他動物的動作聯想過來吧。正確答案是**安心**。雖然字數超過了，不過回答**推心置腹**的人實在很有品味呢……！

一旦翻身躺著，鸚鵡就無法立刻飛起來。因此，**鸚鵡會翻身躺在地板上，是鸚鵡極度安心的證明**，認為「這個家沒有危險！」身為飼主，沒有比這更開心的事了！

不過，有時也會出現鸚鵡在鳥籠裡倒掛著玩耍，結果摔下來躺在地上的例子。如果鸚鵡是玩到滾來滾去就沒問題，但要是鸚鵡縮成一團或很難行動的樣子，就要立刻送去動物醫院接受診療。

解答

害怕

除了**害怕**外，**驚訝**這個答案在意思上也正確！回答**開心**、**快樂**等正面情緒的人，很可惜答錯了。事實上應該是相反的情緒。

身體變窄是□□時的反應

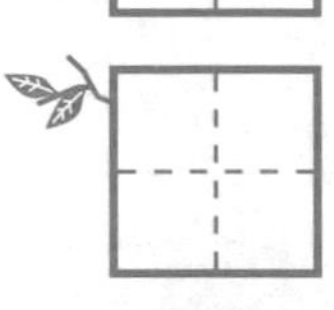

當看到鸚鵡的身體寬度成只有平時的一半，有的人一開始可能會嚇得大喊「怎麼回事?!」**人類在感到恐懼或驚嚇時，身體會緊張得縮起來，而鸚鵡也是一樣**。鸚鵡見到陌生的東西，身體會一下子縮得很小。這和第55頁的「睜大眼睛」一樣，是和鸚鵡的意志無關的生理反應。

在鸚鵡理解狀況之前，牠會維持那個姿勢靜止不動，不過一陣子之後就會恢復原本蓬鬆的模樣了。

害怕時會□□姿勢

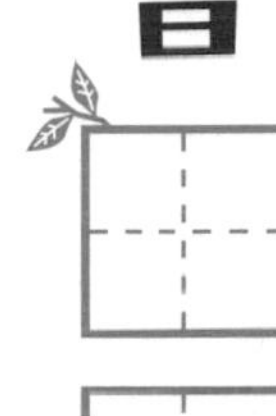

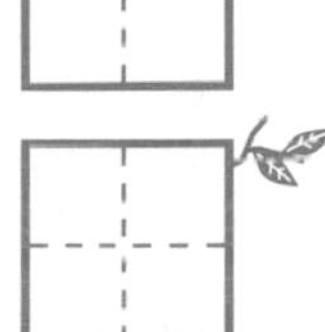

解答

壓低

如果有人回答**抬高**，那麼你在野外是生存不下去的！抬高姿勢會被敵人發現，所以絕對嚴禁這麼做 !! 因此，正確答案是**壓低**。

當發現陌生的東西而感到害怕，鸚鵡會立刻壓低姿勢。然後也許會持續保持這樣的姿勢，一面戰戰兢兢地挨近以確認真實身分。之所以採取這個姿勢，有一半是因為恐懼而縮起身體，另一半則是壓低身體不讓敵人發現。

話雖如此，鸚鵡的最終手段是飛起來逃跑，因此如果真的很害怕，是不會一直壓低姿勢觀望情況的。會那麼做，大概是抱著「雖然很害怕，可是又有點好奇……」的心態吧。

4 舉動

抬起單腳是因為腳會□

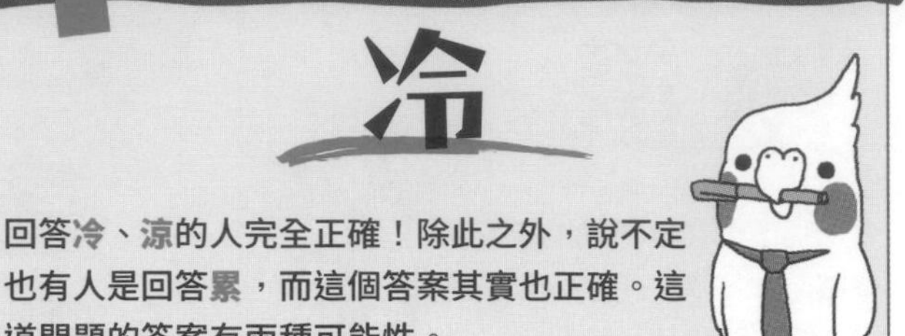

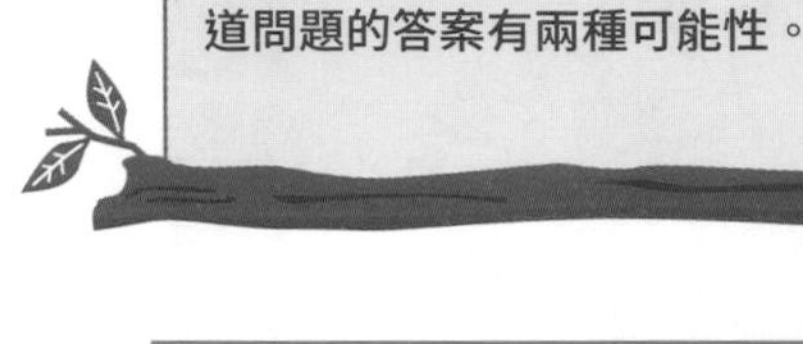

回答冷、涼的人完全正確！除此之外，說不定也有人是回答累，而這個答案其實也正確。這道問題的答案有兩種可能性。

如果站在棲木上的鸚鵡抬起了單腳，**那麼很有可能是因為覺得冷。為了不讓體溫從腳尖流失，於是試圖將腳藏到羽毛裡面**。就和人類會從手腳開始發冷一樣，鸚鵡也會從末端的腳尖開始覺得冷。請在鸚鵡真正覺得寒冷之前，以空調等調整成適當的室溫。

另外，如果室溫沒問題，但鸚鵡卻抬起了單腳，就表示牠只是想讓腳休息一下。只要鸚鵡的行動和平時無異就沒問題，可以儘管放心。

解答

寒冷

重點在於「全身」都膨脹，如此一來正確答案就會是**寒冷**。回答**生氣**的人，很可惜答錯了……！鸚鵡生氣時會膨脹的只有臉，而非全身（第97頁）。

5 舉動

全身膨脹是因為覺得□□

鸚鵡會在覺得寒冷時蓬起全身的羽毛，**藉著蓬起羽毛讓暖空氣填滿羽毛之間，以提升保溫效果**。除此之外，把鳥喙埋進羽毛裡的舉動，目的也是為了避免體溫流失。

圓滾滾蓬鬆的模樣固然可愛，但是鸚鵡非常怕冷，因此請務必徹底執行溫度管理（第168頁）。另外，假使提高室溫了，鸚鵡還是將身體膨脹起來，那麼有可能是因為身體不舒服，請儘早送去動物醫院接受診療。

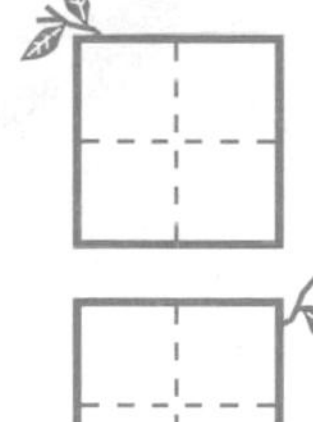

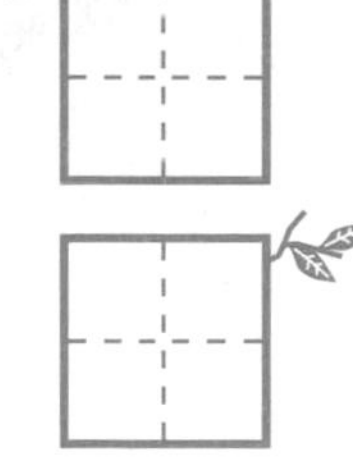

6 舉動

趴著睡覺表示正處於□□狀態

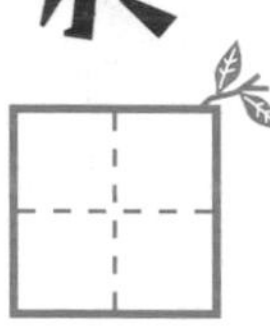

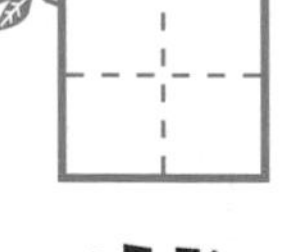

解答

熟睡

除了**熟睡**，**放心**也是正確答案！至於回答**認為周遭沒有危險事物**的人，雖然意思上是對的，不過答案只有2個字喔！

鸚鵡本來是屬於被獵食的動物，因此基本上都很淺眠，多半會停在棲木上睡覺。如果鸚鵡以無法立刻飛起來的趴姿睡覺，就表示牠認為周遭沒有危險，可以安心熟睡，而這同時也是牠很信任飼主的表現。這時，請務必安靜讓牠好好睡一覺。

　觀察鸚鵡的睡姿，可以看出愛鳥的真實心聲。各位不妨可以一邊留意不要吵醒牠，不時確認愛鳥睡覺的樣子。

鸚鵡的
睡姿篇

應用問題

問題》 從下列選項中，找出鸚鵡熟睡度高者打○。

△ 1.單腳站立睡覺

昏昏沉沉……
有點想睡耶～

單腳站立是覺得寒冷或正在休息時的表現（第86頁）。如果鸚鵡以那種姿勢閉眼睡覺，就表示牠是在休息時開始昏昏沉沉地想睡了。因為只是打瞌睡，只要聽見一點點聲音就會立刻醒來。

○ 2.將鳥喙埋進羽毛裡

常見的睡姿
可能覺得有點冷？

將鳥喙埋進背上的羽毛裡睡覺是鸚鵡常見的睡姿。由於鳥喙沒有羽毛容易覺得冷，所以鸚鵡會像這樣子進行保暖。另外，這也是鸚鵡感到寒冷時會出現的姿勢，請確認室內是否有保持適當的溫度。

◎ 3.仰睡

咕～咕～
睡得好熟喔

這種睡姿的熟睡程度和趴睡相同，甚至還要更高。因為在這個姿勢下，鸚鵡無法立刻飛起來，所以表示牠此刻非常放鬆且安心。尤其像是太陽鸚鵡等部分鸚鵡，多半都是仰躺著睡覺。

好想熟睡喔♡

7 舉動

稍微抬起翅膀是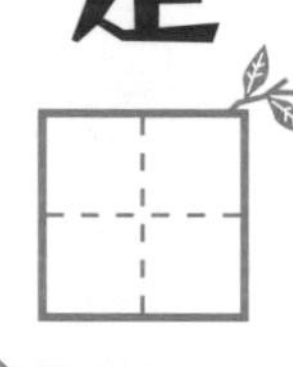的象徵

解答

期待

正確答案是**期待**。這個動作一看就充滿了喜悅，答對的人應該很多吧？至於回答**撒嬌**、**興奮**的人，在意思上也算正確！

將翅膀稍微往上抬起，擺動身體的舉動，**表示鸚鵡現在很開心，或是充滿了期待感、興奮感**。鸚鵡會觀察人類的生活，然後在某種程度上，對接下來即將發生的事情做出「洗完東西就會陪我玩」、「點心會從那個架子跑出來」之類的預測。這時，鸚鵡會稍微抬起翅膀左右擺動，表現「快點！我快等不及了」的心情。

只不過，**鸚鵡如果稍微張開翅膀，有可能是想讓發熱的身體降溫**，請飼主記得要確認室溫。

展翅走路是為了□□□□！

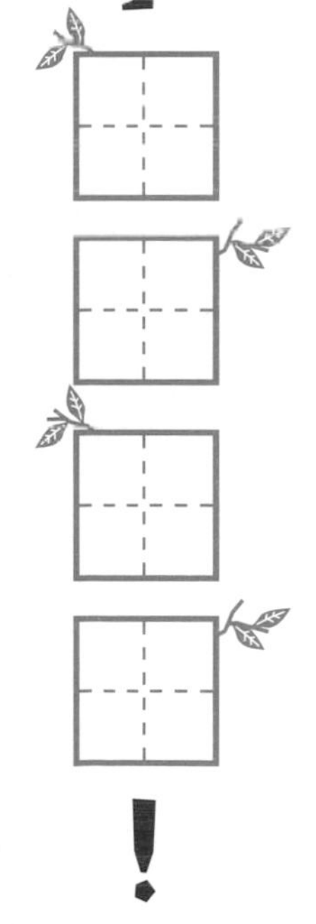

解答

表現自己

張開翅膀是為了讓身體降溫……因為這樣而回答**覺得很熱**的人，你的推理能力確實很強，但很可惜答錯了！其實，這個舉動向異性或敵人**表現自己**的含意比較大。

鸚鵡想要強烈地向對方展現自己時，會讓臉上的羽毛蓬起來，或是豎起冠羽，讓身體看起來比較大。展翅走路也是相同的道理，是一種**「瞧瞧我的厲害！」**展現自己的行為。

以雄鳥的情況來說，牠們會表現自我的對象幾乎都是雌鳥，目的是想傳達「怎麼樣？我看起來很強吧！」的意思。另外，當鸚鵡在地盤以外的場所巡邏時，假使遇見其他鸚鵡或敵人，也會為了表示「我、我很強喔！」而做出這個動作來虛張聲勢。

搖來搖去是因為

解答

等不及了

這一題可能有點難喔，因為每種搖晃方式都代表著不同的心情……如果是像下圖一般的搖法，那麼答案就是**等不及了**。緩慢搖晃時的心情請參考第93頁！

鸚鵡有時會緩慢而大幅度地搖晃全身。每種搖晃方式都代表著不同的心情，**但如果是上下或左右劇烈搖晃，那就是「開心到靜不下來！」、「等不及了！」的意思**。這種時候，鸚鵡有時也會稍微抬起翅膀（第90頁）晃動，也就是做出鸚鵡愛好者們所熟知的搖擺跳舞的動作。

鸚鵡的情緒愈高昂，搖晃方式也會愈激動。有時還會因為愈搖愈開心，而加入腳部或是展翅的動作呢。

10 舉動

左右搖晃代表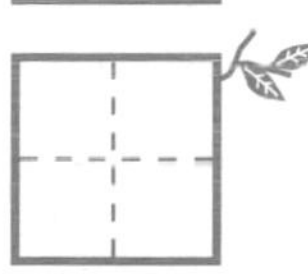爆發！

解答

怒氣

和第92頁的正面情緒不同，左右大幅搖晃是**怒氣**爆發的狀態！呃，這位飼主，**大**爆發這個答案有點牽強耶……什麼，你說**藝術**？也是啦，鸚鵡的確很有藝術性呢～♡

左右大幅搖晃身體，象徵著鸚鵡的怒氣指數達到巔峰。鸚鵡是想藉著搖晃全身讓身體看起來比較大，以達到威嚇對方的效果。如果見到鸚鵡做出這個舉動，那麼最好別再靠近牠了。若是這時還伸手，肯定會被鸚鵡狠咬一口。

鸚鵡等不及時雖然也會晃動身體，但是生氣時的搖晃速度比較緩慢。而且由於通常也會將臉上的羽毛倒豎，或是眼神中流露出怒氣，因此應該一眼就能分辨出來。

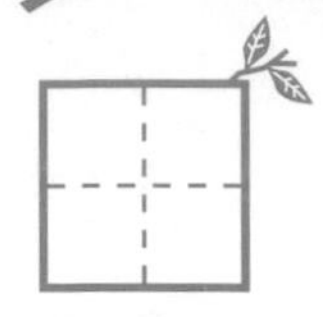

時會擺動尾羽

解答

滿意

答案雖然是**滿意**，不過鸚鵡會做出這項舉動的原因，至今依舊是眾說紛紜。因此，回答**問候**、**興奮**、**期待**也OK，而且說不定還有除此之外的其他答案喔。

至今還沒有找出明確的答案來解釋擺動尾羽的舉動。但是，因為這個舉動會在鸚鵡滿意剛才的行動、採取下個行動前出現，所以「是轉換心情時的信號」這個說法十分有力。

另外，也有一種說法是與同伴見面時的問候。實際上，鸚鵡在與同一群體的同伴擦身而過時的確會擺動尾羽，因此這個說法也很難捨棄。再者，有些鸚鵡也會在見到很喜歡的東西時擺動尾羽，所以也有人認為可能是出於興奮期待的心情。各位不妨也觀察一下愛鳥的尾羽，試著找出答案吧。

解答

極限

因為字數只有2個字，所以這裡的正確答案是**極限**。不過，其實回答另一個答案**不滿足**也沒有錯。由於這兩者的情緒正好相反，仔細分辨清楚非常重要喔。

12

舉動

一旦感受到

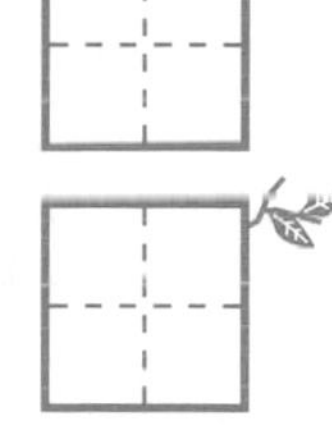

，就會拍動翅膀

即使是愛玩的鸚鵡，也會有「今天就到此為止吧」感到厭倦的時候。如果這時還繼續纏著牠要玩，鸚鵡就會拍動翅膀，表示「夠了喔！」的意思。請在鸚鵡真的很不耐煩之前停止遊戲。

然而，有時候當飼主打算結束放風，鸚鵡也可能會拍動翅膀。此時，這個動作是表示「我還沒玩夠！」的心情。請視狀況及前後的行動，來判斷鸚鵡想要表達什麼。

歪頭看是因為想要□□

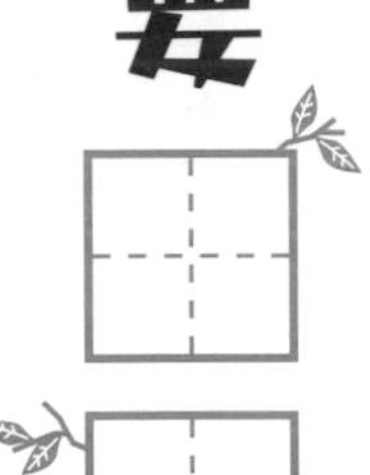

解答

觀察

回答**理解**也正確。另外，如果不考慮字數，**收集情報**這個答案也沒錯。還有，鸚鵡歪頭的模樣確實很可愛，不過牠這麼做可不是在故意**賣萌**喔！

以人類的狀況而言，歪頭的姿勢通常是出現在「嗯？那是什麼？」的時候，而鸚鵡在做出這個舉動時的心情也很類似。**是因為發現了什麼令牠好奇的東西，所以「想要觀察一下～！」**

鸚鵡歪頭不只是擺擺姿勢而已，而是有著確切的用意。藉著讓單眼接近對象物，能夠更仔細地看清細節；若是再改變脖子的角度、讓耳朵朝向那個方向，便也能更清楚地接收到聲音。換句話說，**鸚鵡是藉由歪頭來徹底運用五感，收集情報**。

14

舉動

只有臉膨脹是□□的表現

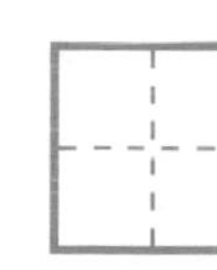

臉四周的羽毛蓬鬆豎起的模樣，簡直就像一朵可愛的小花……不不不，現在可不是說這種悠哉話的時候。請看看鸚鵡的眼睛和鳥喙，是不是眼角上吊，就連鳥喙也打開了呢？

這是鸚鵡在怒火攻心時會出現的舉動。不是「有點不高興」這麼簡單，而是蘊含著「不要靠近我！」的強烈抗拒情緒。

這種時候，若是隨便伸手會有危險。請先向牠道歉，然後暫時不要予以理會。

解答

生氣

由於已經在第87頁爆雷解釋過了，這題應該會有很多人答對。沒錯，答案就是**生氣**。這個舉動和全身羽毛都膨脹的心情並不相同，務必要仔細區分喔。

伸長身體，□□開關

解答

答案大概也只有**打開**或**關閉**這兩種吧。不過，既然將身體拉得長～長的舉動，說得明確一點就是在伸展……這題應該算是送分題吧。

有些鳥奴將鸚鵡伸長身體的這個舉動稱為「伸懶腰」。鸚鵡會伸懶腰通常都是在**從悠哉模式切換成行動模式時**。就像熱身運動一樣，會從左翼、左腳、右腳、右翼，依序地延展全身，最後將左右兩邊的翅膀都展開，開啟行動模式。

伸完懶腰後，鸚鵡會「很好，開始玩吧～!!」地充滿幹勁，精力充沛！**如果想找鸚鵡玩，這正是最佳時機**！好好把握機會，拿著牠喜歡的玩具一起玩吧。

16 舉動

想睡時會打

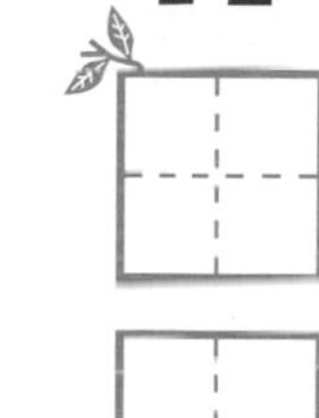

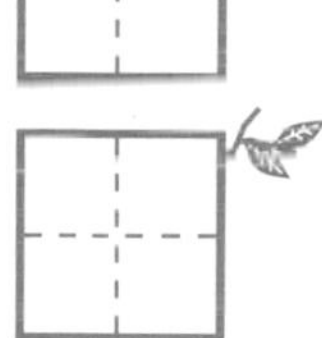

解答

呵欠

這是灰鸚鵡校長出的送分題！答案是打**呵欠**。咦？你說**打人**……是嗎？好吧，好像的確有鸚鵡會因為愛睏心情差，結果把氣遷怒到飼主身上啦。

和人類一樣，**鸚鵡想睡時也會打呵欠**，連張大嘴巴「呼啊～」的動作也一樣。還有，鸚鵡和人類一樣是晝行性的動物，因此在睡前、晚上能夠頻繁地看見鸚鵡打呵欠。

如果是在睡覺之前打幾次呵欠的話就沒問題，但假使打呵欠時**會發出「喔噁！」的嘔吐聲，或是明明不想睡卻頻繁且反覆地打呵欠，那麼就要注意了**。這有可能是口中或嗉囊（第33頁）發炎引起的症狀。若發現有此症狀，請儘早送去動物醫院接受診療。

從行為來解讀

鸚鵡的行為可分為出於本能的行為，以及經由學習學會的行為這兩種。首先，來思考看看鸚鵡的行為屬於何者吧。另外要提醒各位，人類不可能讓鸚鵡完全放棄出自本能的行為。

鸚鵡的「本能」與「學習」的行為範例

• 鸚鵡的本能　這些是深深烙印在鸚鵡本能中的行為。

飛起來逃走

發情行為

害怕時躲起來

• 鸚鵡的學習行為　解說透過經驗「學習」逐漸成為習慣的流程。

舉例）遇到不如意的事情時

因為心情煩躁，就把飯碗打翻了。

主人理我了！看來這招管用喔……。

學會利用翻倒飯碗來引起主人注意！

行為 1

為了□□，整理羽毛是必須的！

解答

飛行

答案是**飛行**。從「整理羽毛」應該很容易可以聯想到吧？至於回答為了**變美**的人……想必你已經被鸚鵡的美所迷惑了喔？

鸚鵡會**利用鳥喙整理並保養羽毛**。具體來說，除了用鳥喙將亂掉的羽毛弄整齊外，還會從羽脂腺（第44頁）沾取油脂塗在羽毛上，避免羽毛沾染上汙垢和水氣。

整理羽毛是因為想要變漂亮……事實上並非如此，而是**為了讓羽毛隨持保持在最佳狀態，能夠在需要飛行的時候飛起來**。一隻健康的鸚鵡，羽毛很少會蓬蓬亂亂的。如果鸚鵡的羽毛很亂，有可能是因為受傷或老化，使得牠不便整理羽毛……。

行為 2

抓身體是□□□□的一種

解答

整理羽毛

這一題其實有兩個正確答案。一個是**整理羽毛**，另一個則是**打發時間**。鸚鵡此時的目的為何，可以從牠抓的部位看出來喔。

鸚鵡有時會用腳抓身體。如果抓的部位是頭，那麼就是屬於整理羽毛的一環。身體可以用鳥喙整理羽毛，可是頭的話因為鳥喙碰不到，所以就用腳來抓撓整理。

假使抓的部位是在身體，而且感覺動作很忙，那麼有可能單純只是覺得身體癢。如果是慢慢地抓下巴或肩膀，則無事可做、覺得無聊的可能性很大。鸚鵡也許是想拐彎抹角地表達「好無聊～主人快陪我玩～」，這時若是邀請牠玩，雙方的感情會更加融洽喔。

解答

理由

回答**必要**也正確。回答**幹勁**的人，鸚鵡沒有那麼懶惰啦～！至於回答**翅膀**或**羽毛**的人，想必是還記得剪羽（第39頁）的內容吧！

3 行為

要有□□才會飛

大概是「鸚鵡＝飛行」的印象太深刻了，許多人見到鸚鵡走來走去的樣子，很容易會產生「懶惰鬼？」的想法。但是，其實就連野生的鸚鵡，也是除非必要否則不會隨便飛行。至於很享受飛行本身的年輕鳥兒則另當別論……。

飛行會消耗大量的能量。若是一天到晚飛行，只會讓身體非常疲憊。況且，若是直飛來飛去，就無法覓食、和同伴溝通交流了。因此除非有必要，否則鸚鵡不會飛行。事情就是這麼簡單。

一旦發生什麼事，會□□逃走

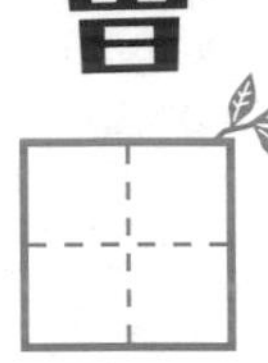

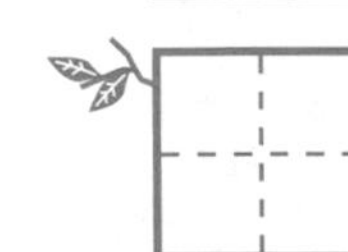

鸚鵡保護自己時最大的武器，就是飛起來逃到敵人無法觸及的地方。**飛起來逃走是鸚鵡與生俱來的本能，會在感覺到「害怕」的瞬間採取行動。**這和習慣與否沒有關係，而是會不假思索、本能地飛起來。

然後，感到恐懼的鸚鵡會想要盡可能遠離現場。假使窗戶是開著的，甚至有可能會飛到外面去。為避免鸚鵡逃脫，請務必記得緊閉門窗。

解答

飛起

回答**走路**、**奔跑**、**游泳**的人，你應該不是故意的吧？正確答案當然是**飛起**逃走。至於回答**慌張**的人，大概是因為一旦有緊急狀況發生，人類也會慌張地逃走吧！

鸚鵡逃走了！

請、請幫幫我！我不小心讓正在放風的牡丹，從打開的窗戶逃出去了（淚）。請問我該從哪裡找起？我真的好擔心啊……！

飼主B小姐

首先
從附近開始找！

那可真是不妙！我建議先從附近開始找起。對鸚鵡來說，家門外是未知的可怕世界，所以大多會茫然地待在附近。像是樹上、草叢、電線、陽台等，請重點式地尋找這些地方。這時，請不停呼喚愛鳥的名字，或是搖晃裝飼料的容器。如果還是找不到，記得聯絡最近的警察局、動保處或動物醫院!!

我平安回來了！其實我並沒有想要逃跑，只是不小心飛出去就回不來了……這次的經驗太恐怖了，我以後再也不敢了啦（淚）。

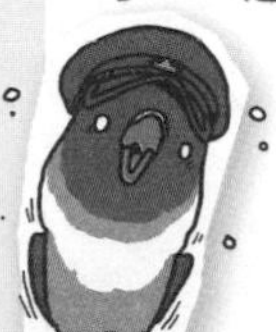

向鸚鵡提問！

容易逃走的場景 Best 3

第1名 放風時
「飛著飛著因為太舒服，就不小心從窗戶……」

第2名 打掃或用餐時
「因為太開心，結果就從鳥籠飛出去了！」

第3名 地震時
「鳥籠掉下來，門鎖自己打開了～」

5

行為

躲起來確認！害怕卻又□□

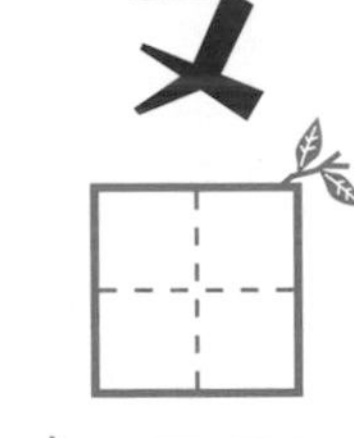

解答

在意

凡是**在意**、**好奇**等表現「又怕又好奇」的詞都正確！回答**只要在主人身邊就安心**的人，這種無視字數、滿懷愛意替鸚鵡講出心聲的行為，真的會讓人上癮呢♪

鸚鵡只要判斷「好可怕！」就會飛起來逃離現場。但是，當鸚鵡覺得**「雖然害怕，但是又有點在意」、「得親眼確認才行」時，就會躲在飼主的身體或頭髮裡，盯著對象物看。**鸚鵡大概是覺得只要待在主人身邊，情況危急時主人會保護自己吧。

這時候，飼主也請一副泰然自若地告訴牠「沒事啦」。只要感覺到飼主很冷靜，鸚鵡也會很快解除戒心。

解答

興趣和恐懼

除此之外，像是**關心**和**威脅**等，只要是兩種相反的情緒都正確！嗯？你說**興奮期待**和**嚇得發抖**嗎？字數雖然有點多，不過情緒倒是表達得很傳神！

6 行為

後退表示□□和□□各半

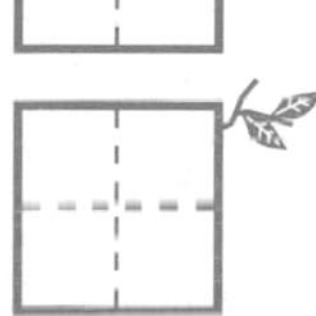

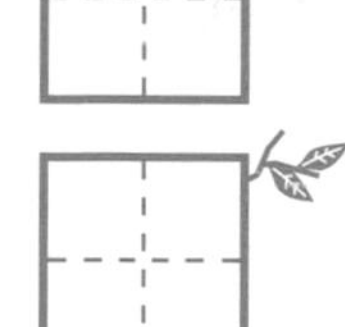

鸚鵡見到陌生的東西時，會一步步緩慢地後退。這個行動和第106頁的「躲起來確認！」一樣，表示鸚鵡正處於「在意卻又感到害怕」的糾結情緒。「因為害怕所以想保持距離，但是又想確認對方會怎麼移動」，是好奇心勝過恐懼心理的狀態。如果是恐懼獲勝，鸚鵡就會立刻飛離現場。

順帶一提，並非所有鳥類都會後退。像是同為人氣寵物的文鳥就沒辦法倒退走。不僅如此，鸚鵡還可以橫著走喔。

啄羽可能已經成為一種

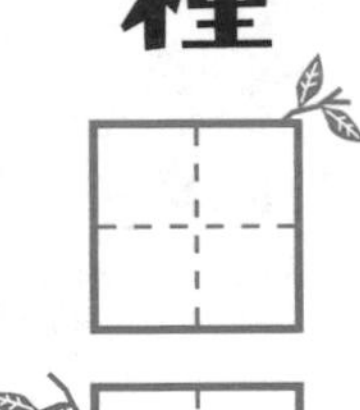

……

解答

習慣

造成啄羽的原因有很多，所以這題可能有些困難。這裡所介紹的答案是**習慣**，不過**疾病**、**營養不良**、**壓力**等答案在意思上也都正確。

鸚鵡拔自己羽毛的行為稱為「啄羽」。其中有些鸚鵡甚至會拔到讓皮膚都露出來，模樣令人不忍。

啄羽的原因大致可分為兩種。**一是生病所引起的啄羽，可能是病毒性疾病或皮膚病所造成的**。這種情況幾乎只要疾病痊癒，情況即可獲得改善。

另外一種則是**精神方面的壓力所導致**。有些鸚鵡還會因為無聊，為了讓飼主關切自己「你還好嗎？」而拔羽毛。不過反過來說，也有不少鸚鵡啄羽是因為養成了習慣。

啄羽情況很嚴重……

飼主C小姐

我家虎皮的啄羽情況很嚴重。每次看到牠拔羽毛，我都會跑過去跟牠說「不可以！」可是牠卻愈來愈變本加厲。是壓力造成的嗎？我好沮喪啊……。

請仔細思考造成啄羽的原因

首先，飼主請不要太自責。因為造成啄羽的原因真的有很多，沒辦法斷言一定是「壓力」所致。除了無聊、感到孤獨外，性方面的欲求不滿、剪羽等也都可能是原因。請先想想鸚鵡啄羽的真正理由。再來，看到鸚鵡啄羽就跑過去是NG的行為，這會讓鸚鵡產生「只要我拔羽毛，主人就會理我」的想法喔。

什麼！不可以拔掉羽毛嗎?!因為只要我拔羽毛，主人就會理我，害我還拔得很開心，拔到都上癮了哩～好吧，以後我會注意的！

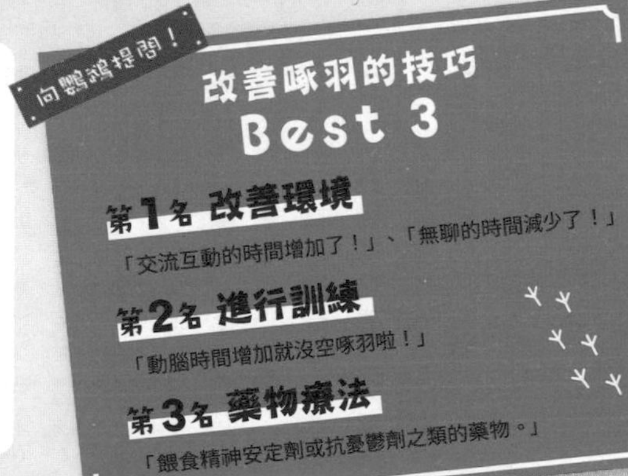

解答

節奏

除了**節奏**，回答**拍子**的人也答對了！咦？你說敲打**蔬菜**……嗎？鸚鵡的鳥喙確實很尖，但還是沒辦法當菜刀使用啦。

用鳥喙敲打

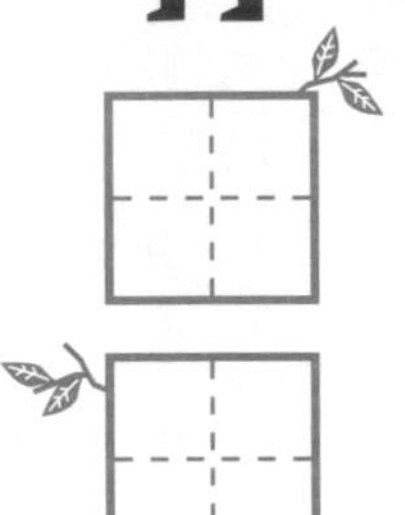

鸚鵡用鳥喙敲打棲木或鳥籠，發出叩叩、鏗鏗♪的巨大聲響雖然會讓人嚇一跳，不過這是**鸚鵡一種名為「敲擊」的遊戲**。這時的鸚鵡，可能正在開心地作曲喔。一下唱歌、一下敲打節奏地創作音樂，鸚鵡簡直就是音樂家呢。另外，**如果是正值發情期的雄鳥，那麼這也是求愛行為的一種**。

至於鸚鵡沒有用鳥喙敲打棲木，而是在上面磨來磨去，則是覺得嘴巴癢癢的關係，而這種行為常見於飯後。

□□□就會翻桌！

解答

不高興

讓人想起古老時代的動畫裡，老爸火冒三丈的翻桌動作。這題的答案是**不高興**，就跟發火的老爸一模一樣。至於**不想吃**、**不好吃**則算勉強過關。

邊吃邊把飼料亂撒，或是將飼料盒整個翻倒，是常見於鸚鵡對某件事情不高興時，用來抒發壓力的行為。造成這種行為的原因有很多，有可能是不喜歡電視發出來的聲音、想表達「給我別的食物！」或者單純就是因為心情不好。

此時如果飼主做出「你怎麼了？」的關切反應，鸚鵡就會把翻桌當成吸引主人注意的方法，一再反覆。因此暫時視而不見也不去收拾，才是正確的做法。

撒
撒

撕紙是為了製造□□

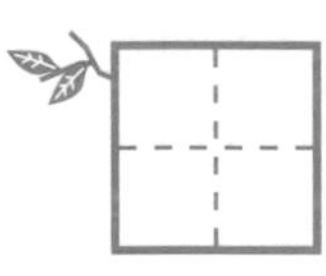

解答

巢穴

回答**作品**的人，鸚鵡的**巢穴**確實是由細紙條和羽毛所構成的絕妙藝術作品！如果你是想像成撕畫一般的作品，那就很可惜答錯了！

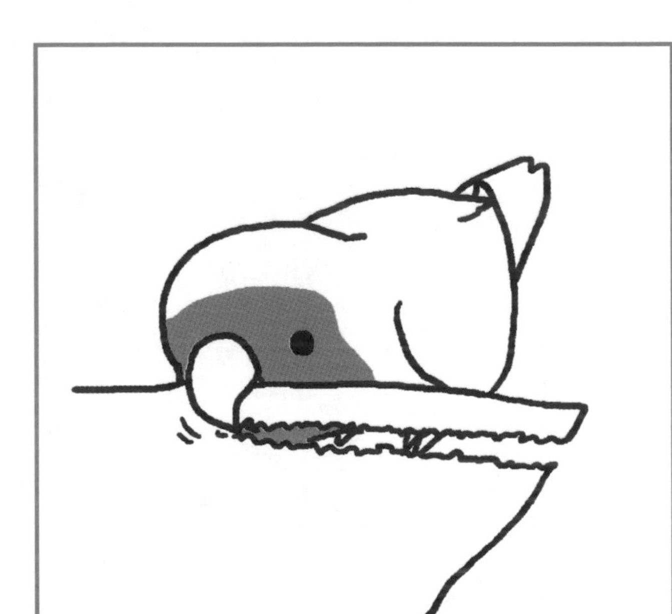

在鸚鵡之中，**築巢是只有桃面情侶才會有的獨特行為**。處於發情期的雄鳥和雌鳥，雙方都會**為了養育孩子而開始築巢**。牠們除了會用鳥喙銜起和運送碎紙，有時也會將好幾條碎紙集中插在尾羽上來搬運。

鸚鵡的鳥喙十分堅固，不只是薄薄的紙，甚至也能撕碎厚紙和書本封面，所以不希望被咬破的東西最好要藏起來。另外，讓鸚鵡築巢也是促使鸚鵡過度發情（第190頁）的一項誘因。請不要給鸚鵡可以用來築巢的紙張。

11

行為

見到□□的物品會想去啄

比方說，像是第一次見到的玩具等，當鸚鵡產生「那是什麼？感覺好可疑，可是又很好奇……」的想法時，牠們首先會用鳥喙去啄啄看，觀察有什麼反應。如果覺得恐怖就會飛起來逃走，如果覺得有趣就會直接玩起來。另外，有些鸚鵡會覺得啄的時候的反應很有趣，而把啄東西當成一種好玩的遊戲。

假使一看就覺得可怕，鸚鵡會立刻逃跑，不敢接近。會用鳥喙去啄，也是鸚鵡對該物品感興趣的一種象徵。

解答

可疑

答案有很多種，像是奇怪、好奇、有趣等，在意思上全都正確。至於勉強填入「像是飼主的手」這種答案的人，你該不會是經常被愛鳥啄吧……？

本能地

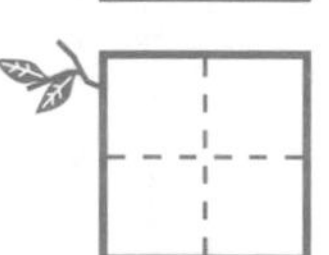

狹窄處

解答

喜歡

凡是填入**偏好**等帶有好感的詞語，在意思上都算正確。如果是回答**討厭**、**厭惡**，那麼很可惜你答錯了。至於認為在狹窄處**容易發情**的人，你太厲害了，完全理解鸚鵡的本質呢！

野生鸚鵡隨時都在尋找可以躲避敵人的藏身之處。**因為狹窄陰暗的場所是絕佳的躲藏地點，所以會不由自主地想要進去**。另外，鸚鵡的好奇心旺盛，因此只要看到狹窄陰暗的地方，就會興起「裡面或許有東西！」的念頭，想要確認一下。像是冰箱的縫隙、面紙盒裡面等，牠們會把頭探進各種地方想要一探究竟。

只不過，如果鸚鵡一直靜靜地待在那裡，就有必要特別留意了。**一旦鸚鵡把那個地方當成「巢」，很有可能會誘發發情**。

13

行為

待在高處比較□□！

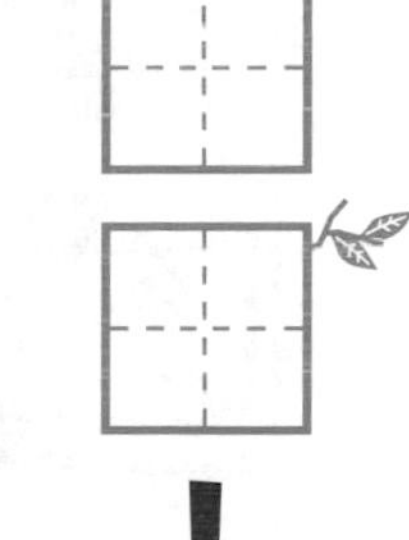

解答

厲害

做出「居然逃到別人碰不到的地方，是不是很懦弱啊？」的推理，而回答**膽小**、**怯懦**的人，很可惜答錯了！其實正好相反，鸚鵡覺得站得愈高愈**厲害**喔。

野生鸚鵡的天敵，像是鷲和老鷹等猛禽類，都是從上空急速下降進行攻擊。因此，**鸚鵡為了保護自己，會想要盡可能待在高處**。因為待在愈高的地方，被敵人盯上的可能性愈低，鸚鵡就不用擔心生命受到威脅。

這項習性經過些許變化，**如今變成了「待在高處比較厲害」的認知**。如果愛鳥一直待在高處，有可能是出於瞧不起飼主的心態。為避免鸚鵡變得太任性，建議可以在層架上擺東西，讓鸚鵡不上去。

認為鏡子裡的自己是□□！

照鏡子時，出現在鏡中的是自己的身影。但是鸚鵡並不知道這一點，所以牠們會把鏡子裡的自己當成是別隻鸚鵡。

鸚鵡是非常喜歡「陪伴」的生物，所以大多會對鏡中和自己做出相同動作的鸚鵡抱持善意。其中有的鸚鵡，甚至會對鏡中的自己一見鍾情♡但是，這樣的行為如果太過火就會導致發情，甚至開始產生反芻（第149頁）的現象。為避免引發過度發情，照鏡子遊戲請務必適可而止。

解答

別人

回答**自己**的人，很可惜答錯了！雖然可能會有極少數鸚鵡這麼想，但基本上鸚鵡都認為那是**別人**喔。至於回答**帥哥**、**美女**的人，這個答案其實也不算錯啦♪

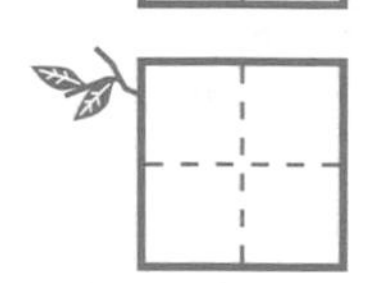
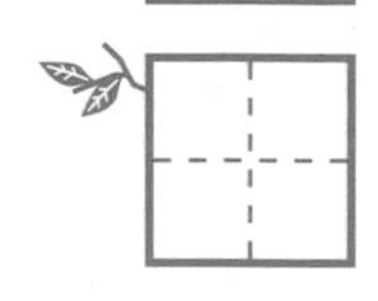

15 行為

在棲木上徘徊表示：

解答

跟我玩

除了**跟我玩**，**想出去**也是正確答案。應該沒有人會回答**救救我**吧？會回答這個答案的人，大概是見到鸚鵡行動匆忙的樣子，以為有麻煩發生了吧～。

鸚鵡發出邀請時的動作相當動感。比方說想玩的時候，鸚鵡會在棲木上一下左、一下右地走來走去。這時，飼主可能會驚慌地心想：「牠這麼慌張，是遇到什麼麻煩了嗎？」但其實一點都不需要擔心喔。

當鸚鵡做出這種舉動，牠的心裡其實是在想「好想到鳥籠外面盡情活動身體！」可以的話，請不要只是從鳥籠外和牠說話，而是放牠出籠、和牠一起玩。如此一來，飼主和鳥寶的感情一定會更加深厚喔。

追尾羽是一種

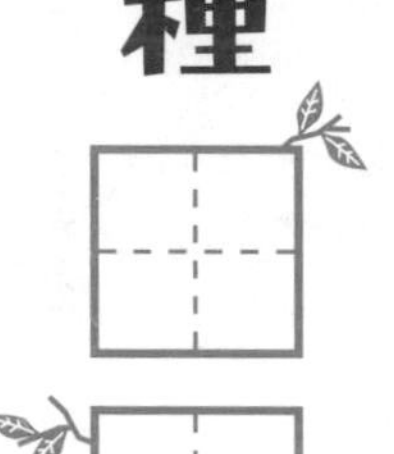

解答

遊戲

正確答案是**遊戲**。連自己的身體也能當成是玩具的鸚鵡，是不是很會找樂子的天才呀♪……咦？該不會有人寫**自殘**吧？其實不是這樣的，請儘管放心。

出現在視野的一角，飄來飄去的美麗東西（尾羽）。因為對鮮豔美麗的顏色產生好奇於是追了上去，卻一下就被逃掉了……大概就是像這樣**原地繞圈圈，追著追著開始覺得很有趣，於是就變成一種遊戲了吧**。這種行為尤其常見於好奇心旺盛的年輕鸚鵡。

雖然有些飼主會擔心「是不是壓力太大呢？」但是只要沒有長時間持續，也沒有去撞到身體就沒問題，可以放心地讓鸚鵡自由嬉戲。

要小心□□鸚鵡陷入恐慌！

解答

玄鳳

回答**膽小**雖然也正確，不過這裡會針對最容易陷入恐慌的**玄鳳**鸚鵡進行解說。回答其他鳥種的人則可能有其他原因喔！

廣受飼主們喜愛的玄鳳鸚鵡其實大多性格膽小，只要聽見陌生的聲音，或是做了可怕的夢，就容易陷入恐慌。甚至還會沒來由地邊叫邊在鳥籠裡飛來飛去，產生所謂的「玄鳳鸚鵡恐慌症」……！由於有可能因此撞到臉或翅膀造成重傷，請飼主務必出聲安撫，讓愛鳥安心。

　另外，如果是其他鳥種在半夜突然大鬧，則有可能是鸚鵡身上長了蝨子，覺得很癢的關係。請儘早送去動物醫院接受診療。

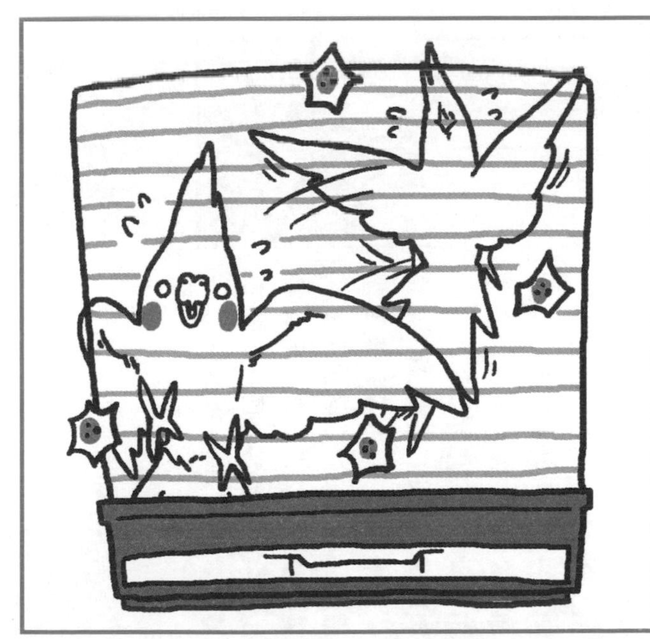

不出鳥籠是因為

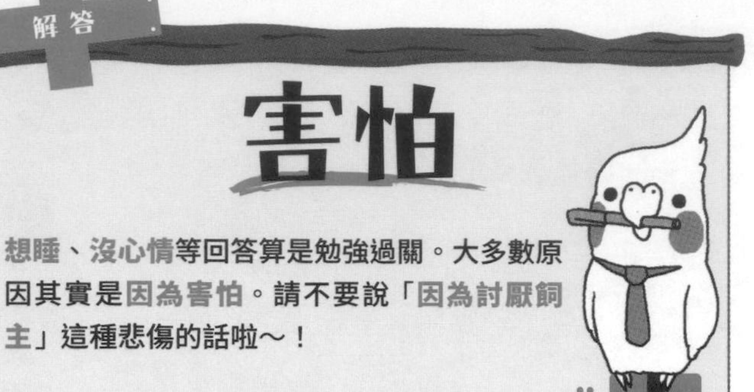

解答

害怕

想睡、**沒心情**等回答算是勉強過關。大多數原因其實是**因為害怕**。請不要說「**因為討厭飼主**」這種悲傷的話啦～！

鸚鵡基本上都非常喜歡出來玩！因為鸚鵡有著好奇心旺盛的性格，所以到鳥籠外探險、和飼主一起玩，會讓鸚鵡感到無比開心。

這樣的鸚鵡之所以不出鳥籠，是因為**牠覺得籠子外面很可怕**。可能是牠曾經在放風時**有過恐怖的經驗，結果造成了心理陰影**。為了讓鸚鵡覺得外面是安全的，飼主可以表現出很開心的樣子，或是把玩具擺在外面，以緩和愛鳥的恐懼心理，進而願意再次踏出鳥籠。

鳥籠如果很
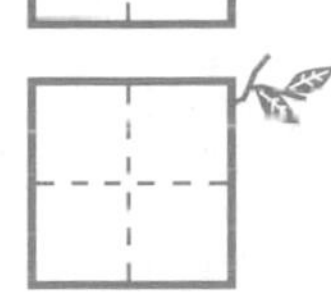
，就會不想回去

如果待在鳥籠裡面很無聊，鸚鵡就會不想回去。假使有符合以下任何一種情況，可能就是鸚鵡不想回籠的原因。

①鸚鵡回鳥籠後就不太理牠。
②鳥籠裡沒有玩具。
③鳥籠外也有飼料和水。
④有些日子無法放風。

另外，如果鸚鵡肯乖乖回到籠子，請務必記得給予牠獎勵。一旦鸚鵡明白「回籠子＝能獲得最愛的東西！」牠就會自動自發地回去喔。

解答

無聊

正確答案是**無聊**。姑且不論字數，回答**乏味無趣**也正確。回答**狹窄**則勉強過關。因為鳥籠過於狹窄雖然確實不好，不過鸚鵡其實比較偏好狹窄的地方喔～。

一旦

，就有可能產卵

解答

發情

答案是已經出現過好幾次的**發情**。這題答對的人應該不少吧？**受精**和**交配**雖然也正確，但是即使沒有懷孕也會生蛋是鸚鵡的特徵喔。

單隻飼養的鸚鵡居然生蛋了?!這種情況雖然會讓人嚇一跳，不過其實**以鸚鵡為首的鳥類即使沒有交配也能產卵**。沒有交配行為產下的卵稱為「未受精卵」，經交配行為產下的卵稱為「受精卵」，而未受精卵並不會孵化出雛鳥。單隻飼養的雌鳥如果產卵，**有可能是將飼主或玩具、鏡中的自己當成伴侶，進入發情模式所致**。

野生虎皮鸚鵡的發情頻率為每年1～2次，如果超過這個次數就算是「過度發情」。

應用問題

鸚鵡的發情篇

問題》 從下列選項中，找出鸚鵡發情的徵兆打○。

1. 抬高尾羽

這是雌鳥邀請交配的動作！

靠近正在發情的對象並抬高尾羽，是雌鳥邀請雄鳥交配的動作。雌鳥會帶著滿滿的愛意，告訴對方「我想跟你生小孩♡」。

2. 磨蹭屁股

雄鳥交配時的舉動

磨蹭屁股是會出現在公鸚鵡身上的動作，藉此向對方示愛，並且表達想要交配的意願。有時雄鳥也會在飼主的頭上或手上磨蹭喔。

3. 鑽進頭髮裡

在喜歡的人身邊築巢♡

如同第114頁提過的，鸚鵡只要有鳥巢就容易發情。鸚鵡一旦將頭髮視為鳥巢，再加上有最愛的主人在身邊，便會急速進入發情模式！

4. 敲打

可能是雄鳥的求愛行為……！

在第110頁介紹過的敲打，其實有可能是雄鳥的求愛行為。發情的公鸚鵡會透過敲打發出聲音，企圖吸引雌鳥的注意。

5. 變得有攻擊性

只要發情就會興奮起來

鸚鵡只要發情就容易興奮，變得很難控制自己的情緒。不但會變得具有攻擊性，還會為了芝麻小事大發雷霆。

6. 好大的便便

產卵地點必須維持清潔！

為避免弄髒之後要產卵的鳥巢，發情的母鸚鵡會集中在放風時排便，因此糞便會變得比平常來得大。

也請參閱第112、149頁！

從對飼主的態度來解讀

鸚鵡對自己的態度究竟是出於何種心情呢？
在閱讀第125頁開始介紹的內容之前，先來確認一下鸚鵡有多愛自己吧！

受鸚鵡喜愛程度確認表

在符合的項目上打○，算出Ⓐ～Ⓒ的總分。

A
- ☐ 鸚鵡會停在手或肩膀上
- ☐ 呼喚牠會有反應
- ☐ 會想要模仿你發出的聲音或說的話

※確認表A是1項1分

B
- ☐ 只要靠近鳥籠，鸚鵡就會很雀躍
- ☐ 願意吃下你親手給的任何食物
- ☐ 喜歡被你搔身體
- ☐ 即使有陌生人在也能保持冷靜

※確認表B是1項2分

C
- ☐ 你一唱歌，鸚鵡也會跟著又唱又跳
- ☐ 就連放風時，基本上也會一直待在你身邊
- ☐ 有時會對你做出反芻動作

※確認表C是1項3分

確認診斷結果！

從總分來看出鸚鵡對你的愛有多深！

0~5分
— 被愛程度 —
40%以下

你在鸚鵡心目中，可能是可有可無、專門服侍自己的存在。建議你利用《鸚鵡飼育圖鑑》多多了解鸚鵡，加深和愛鳥之間的感情吧。

6~12分
— 被愛程度 —
60%

你似乎相當受到鸚鵡信任呢。以心情來說，大概是介於「Love＜Like」的程度。只要多多陪伴鸚鵡，彼此之間的關係想必會更加緊密！

13~20分
— 被愛程度 —
80%以上♥

你家的鸚鵡非常愛你♡而且鸚鵡似乎也覺得自己很幸福。只不過，必須小心愛意太過濃烈，結果導致發情了！

舔手是因為缺乏

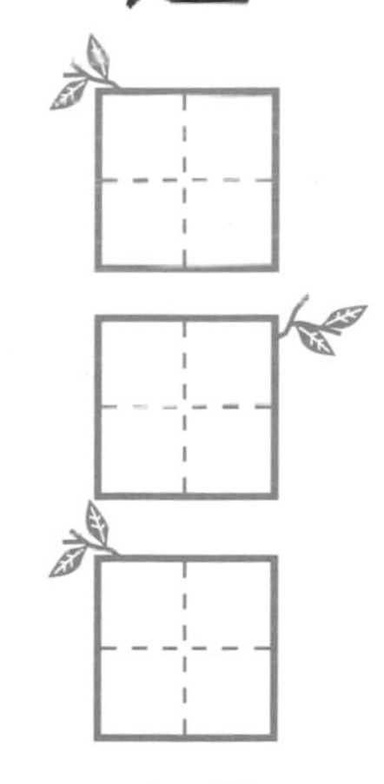

?!

解答

礦物質

關愛這個答案的字數不足，**肢體接觸**和**溝通交流**的字數又有點太多……為此感到苦惱的人，很可惜你答錯了！其實答案是缺乏**礦物質**。

鸚鵡停在手上舔手指……

這樣的行為如果套用在貓或狗身上，容易讓人有「這是在對我表達愛意嗎？」的想法，但其實在鸚鵡的字典裡，並沒有「透過舔舐來示愛」這一項。如果是偶爾見到鸚鵡這麼做，那麼很有可能只是在玩，但若是頻繁地出現，原因就有可能是體內的礦物質不足了。

解決礦物質不足最快的方法，就是將主食換成滋養丸。假如平常是以種籽作為主食，那麼平時務必要額外補充足夠的青菜、含鈣飼料、鹽土等副食品（第160頁）。

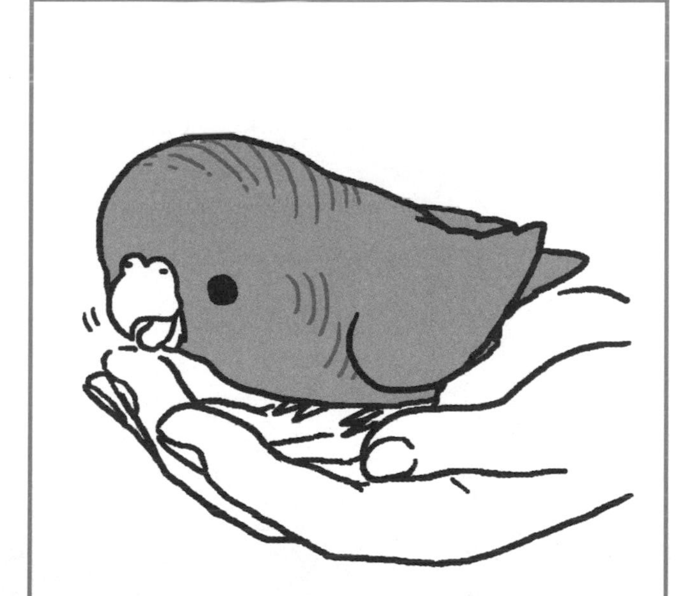

咬人是因為□□或□□□□

解答

恐懼或表達想法

回答好感或表達愛意的人，如果是輕咬就有那種意思，但若是真的大力啃咬，那麼很遺憾，鸚鵡感到恐懼的可能性非常大！另外，鸚鵡也可能是用了錯誤的方式來表達想法。

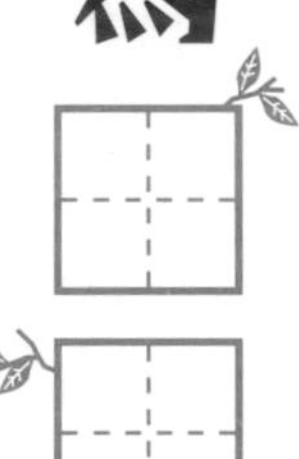

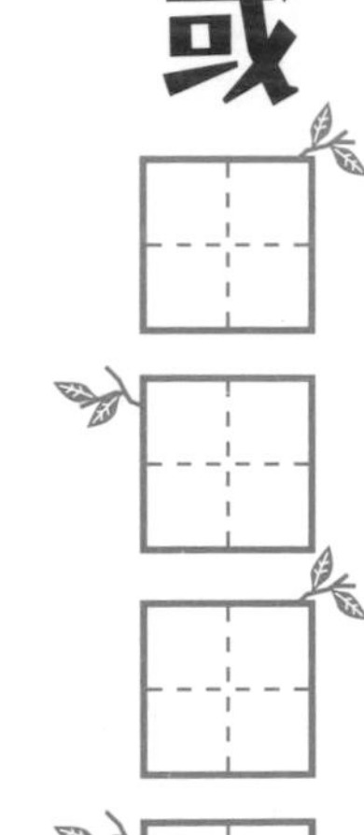

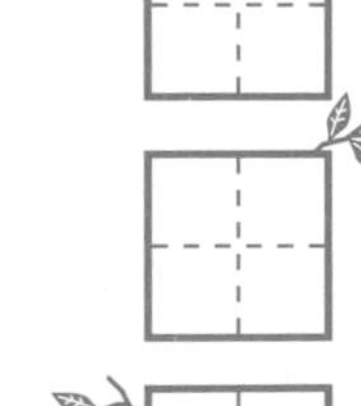

鸚鵡真的大力咬人的理由有很多，如果是膽小的鸚鵡，有可能是因為覺得害怕、想要保護自己。比方說曾經被硬抓起來等這類經驗讓鸚鵡對「手」留下了不好的印象……。

另外，啃咬行為本身也可能和呼叫（第68頁）一樣，是鸚鵡表達想法的方式。像是「因為不想回鳥籠咬了人，結果又能繼續在外面玩了」之類，鸚鵡有可能是從過去的經驗學習到了「只要咬人，主人就會明白我的意思！」建議飼主最好在鸚鵡養成咬人習慣之前，設法解決這個問題。

最近變得會咬人！

飼主D先生

我家的錐尾是個非常乖巧的孩子。可是前陣子搬家之後，牠咬我的次數突然增加……我雖然有瞪牠來表示我很痛，可是卻沒什麼效果。

即使被咬，也要徹底零反應

哎呀呀，個性認真老實的錐尾居然會咬人，這還真是罕見呢。大概是環境改變了，使得情緒變得煩躁吧。那麼，關於被咬時應該怎麼做，其實不要做出瞪牠之類的舉動，**完全零反應地離開現場才是最好的辦法**。教會牠「就算咬人也沒有好處」這一點非常重要。當把手伸出去，鸚鵡卻沒有咬人時，記得要大力誇獎牠，**讓牠明白「不咬人＝正確的」**。

對、對不起！因為我不小心咬下去時，主人會緊緊地盯著我，讓我很開心。主人一定覺得很痛吧……我不會再咬人了。

向鸚鵡提問！

咬了之後會讓鸚鵡開心的反應 Best 3

第1名 瞪視

「主人會一直看著我！」、「好熾熱的目光♡」

第2名 揮手

「哇～！好玩的遊戲開始了～!!」

第3名 怒吼

「主人會對我說好多話！」

解答

整理羽毛

答案是**整理羽毛**，不過就廣義來說，回答**表達愛意**也正確。如果說搔癢是飼主對鸚鵡示愛的方式，那麼輕咬就是鸚鵡在對飼主表達愛意了。至於回答**肢體接觸**在意思上也正確。

輕咬是

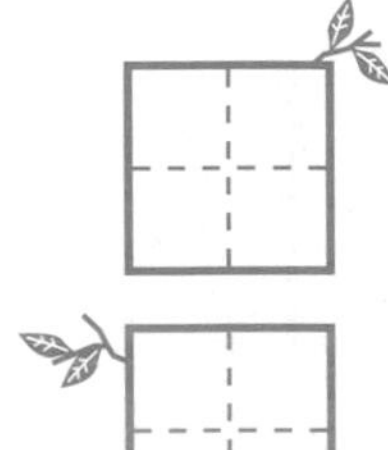

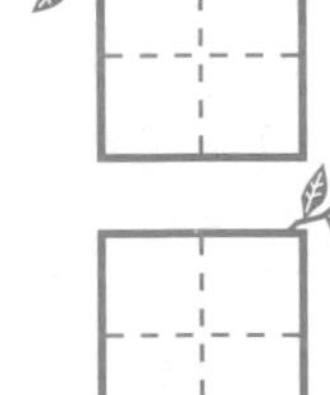

的意思

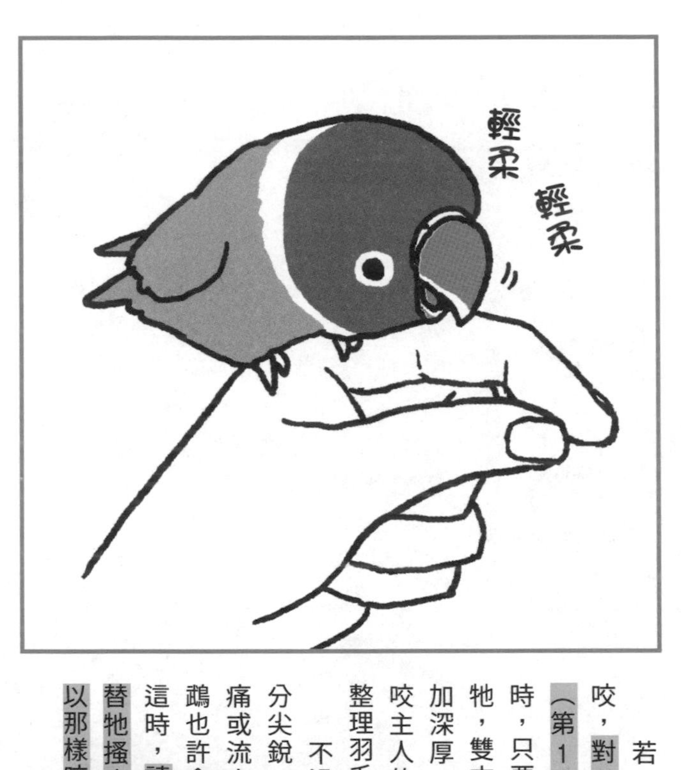

若是啃咬力道輕柔的輕咬，**對鸚鵡來說是整理羽毛（第146頁）的意思**。這時，只要替鸚鵡搔搔身體回報牠，雙方的感情一定會變得更加深厚。同樣地，鸚鵡輕輕啃咬主人的頭髮，也是想要透過整理羽毛表達對主人的喜愛。

不過，因為鸚鵡的鳥喙十分尖銳，即使輕咬還是可能會痛或流血。要是強忍下來，鸚鵡也許會以為力道是正確的。這時，**請直接離開鸚鵡、不要替牠搔癢，藉此告訴牠「不可以那樣咬人」**。

停在手上是因為

解答

期待

回答**信任**的人，雖然鸚鵡如果感到害怕的確不會停在人的手上，不過這個答案只能算是勉強過關。因為鸚鵡停在手上的這個舉動，實際上帶有些許明確的目的性。

鸚鵡停在手上這件事，應該是所有鸚鵡飼養新手的夢想吧！停在人的手上，表示鸚鵡認為「這個人不可怕」，是**鸚鵡信任飼主的證明**。

那麼，說起鸚鵡是懷著何種心情停在手上，其實是因為「也許會讓我出鳥籠」、「也許會替我搔癢」等，**對飼主的「手」抱持有某種期待**。相反地，當鸚鵡產生「也許會把我塞進外出籠，帶我去醫院」、「也許會要我回鳥籠」等戒心時，就不會靠近人的手了。

仰躺掌心是極度

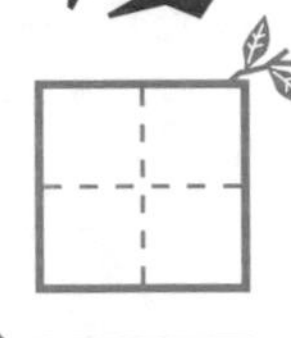

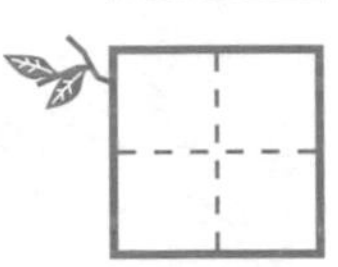

的證明

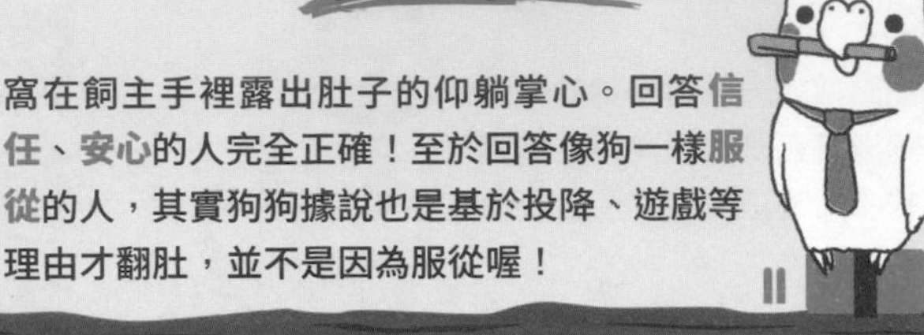

信任

窩在飼主手裡露出肚子的仰躺掌心。回答**信任**、**安心**的人完全正確！至於回答像狗一樣**服從**的人，其實狗狗據說也是基於投降、遊戲等理由才翻肚，並不是因為服從喔！

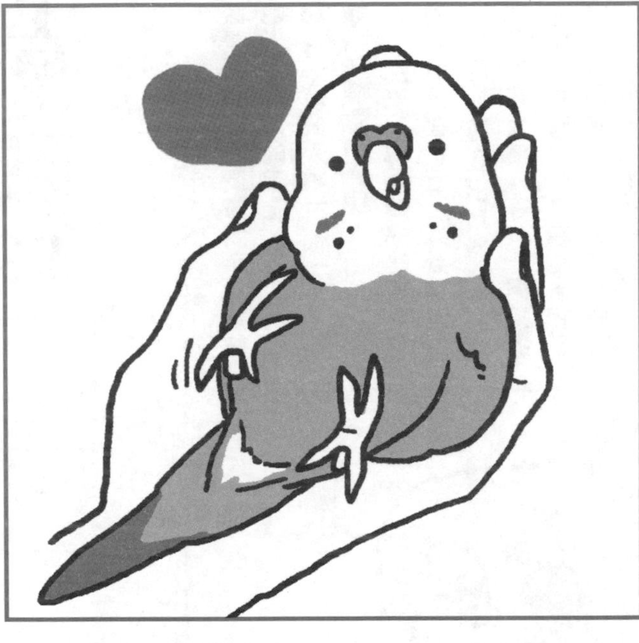

鸚鵡被主人輕握在手裡，翻身露出肚子。這是**鸚鵡認為「這裡沒有危險！」極度信賴飼主的證據**。見到鸚鵡毫無防備地將全身交給自己，真的會讓人開心得不得了呢。

但是，還是有許多鸚鵡無論和主人多麼熟悉親近，也不會做出仰躺掌心的舉動。會不會仰躺掌心端看鸚鵡的個性，**千萬不可以強迫鸚鵡擺出仰躺掌心的姿勢喔**。大致來說，桃面情侶、橫斑、錐尾這類鳥種通常比較擅長仰躺掌心。

解答

黏在一起

回答想**陪在身邊**也正確！至於回答想要**發情**的人，雖然發情不是想要就可以辦到的，不過就結果來說並沒有錯，所以算是勉強過關嘍。

6 對飼主

鑽進衣服裡是想要□□□□

鸚鵡之所以會從袖口、衣領鑽進衣服裡，**幾乎都是出於「想和飼主黏在一起！」的心理**。另外，也有可能是**抱著探險的心情在玩遊戲，或是覺得衣服裡面很溫暖舒適**。

但是，這種行為如果頻繁出現，可能會讓鸚鵡把衣服裡面當成鳥巢，或是因為和飼主之間的肢體接觸過於緊密而**誘發發情**。另外，飼主也可能一個翻身，就讓衣服裡面的鸚鵡身受重傷，因此鑽進衣服裡這樣的行為還是要適可而止喔。

解答

安全

這是灰鸚鵡校長出的送分題！答對的飼主似乎不少呢。嗯？你說答案是**很棒**嗎？也對，頭上不僅視野佳，又有頭髮可以當成玩具，的確是很棒呢！

對飼主 7

停在頭上是因為那是□□的地方

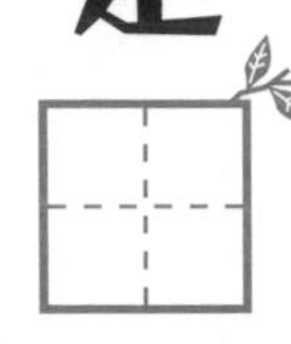

親人的鸚鵡有時也會停在初次見面的人頭上。這時，一般人都會高興地心想「牠是不是很信任我啊？」但其實鸚鵡之所以停在頭上，是出於**興趣和警戒各半**的心理。只要待在頭上，就算對方伸手也能立刻逃掉，而且視野佳，發生什麼事也可以馬上飛起來，對吧？所以，**人的頭上對鸚鵡而言，是能夠確保自身安全的地方**。

其次，停在頭上的鸚鵡如果會磨蹭屁股，則很有可能是正在發情。

8 對飼主

停在肩膀上是想要

停在肩膀上，是**鸚鵡對那個人興趣濃厚、想要守護對方的表現**。在肩膀上可以就近聽見對方的聲音，如果對方正在專心做什麼事，也能清楚觀察情況；當人感到開心時，也能一同共享歡樂時光。不過，鸚鵡也有可能是對晃動的耳環或項鍊感到好奇就是了……。

假使愛鳥不會停在手上，**而只會停在肩膀上，有可能是對手還存有些許抗拒心理**。但是由於比起停在頭上，停在肩膀上的信賴度更高，因此飼主大可不必心急，只要慢慢地建立起信任關係就好。

解答

守護

回答想要**陪伴**也正確。姑且不考慮字數，更精確地回答想**靠近飼主的臉**也是對的！比起停在頭上，停在肩膀上的親密度更高。

用頭頂人是想要□□□□

解答

搔癢

除了搔癢外，回答撫摸或肌膚接觸在意思上也都正確！至於基於用頭頂手這一點而回答滾開的人，請千萬不要離開，不然鸚鵡會感到寂寞的～～！

接近飼主的手，低下頭或者用頭頂手的舉動，是鸚鵡要求主人「幫我搔癢」的象徵，清楚明白地表達出「摸我！」的心情。這時只要回應牠，與愛鳥之間的感情一定會更加深厚喔。

當鸚鵡向自己表達「幫我○○」時，每位飼主能夠予以回應的程度不盡相同。雖然很難100%每次都做出回應，但假使持續不予理會，鸚鵡會感到愈來愈不滿。無法予以回應時，請告訴牠「等一下喔」，然後等有空時再回應牠。

如果有□□的話也會撒謊

鸚鵡通常是在「只要故意不吃飼料，就能得到更好吃的食物」、「只要假裝被玩具纏住，主人就會理我」等**對自己有好處時**撒謊。還有，因為有時也會發生「弄假成真」，真的被纏住的情況，所以即使覺得鸚鵡是在撒謊，也請務必確認一下，以防萬一。

順帶一提，**野生鸚鵡也會撒謊**。比方說被敵人盯上時，鳥爸爸、鳥媽媽會假裝身體不舒服，讓敵人把注意力集中在自己身上，好讓雛鳥可以趁機逃跑。

解答

好處

回答**優點**或**利益**在意思上也都正確。大家可能會想說「那麼純真的鸚鵡怎麼可能撒謊」予以否認，但其實聰明的鸚鵡對於撒謊這件事也是十分拿手。

11 對飼主

鸚鵡的□□很重

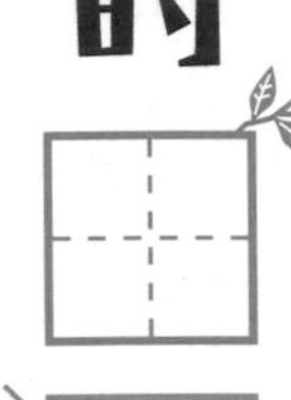
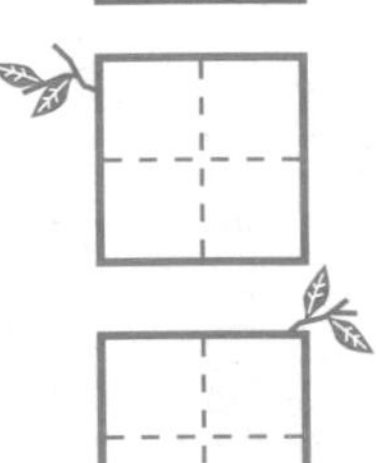

解答

嫉妒心

回答**愛意**雖然也正確，不過這裡會進一步講解**嫉妒心**重這件事。至於回答**罪孽**深重的人，鸚鵡的可愛確實是一種罪呢。咦？你說**毛**很厚重?!呃，鸚鵡的確渾身都是羽毛啦！

鸚鵡會將特定的一隻鸚鵡或人視為伴侶，並且會希望自己最愛的對象，也同樣把自己視為最重要的存在。只要對方理會其他鸚鵡、人，甚至是手機等「物品」，嫉妒心就會愈來愈深。

另外，如果是兩隻鸚鵡，鸚鵡基本上只會對「地位比自己低」的鸚鵡產生嫉妒心。像是比自己早進到這個家的鸚鵡等，只要鸚鵡認為對方「在自己之上」，就會抱著「算了，這也是沒辦法的事」的心態接受事實。

12

對飼主

會搗蛋是希望主人

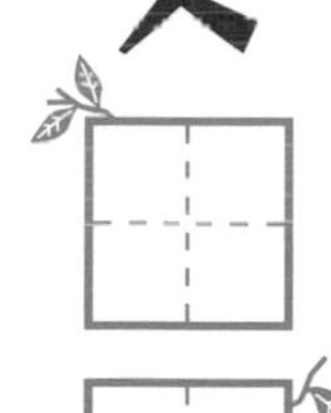

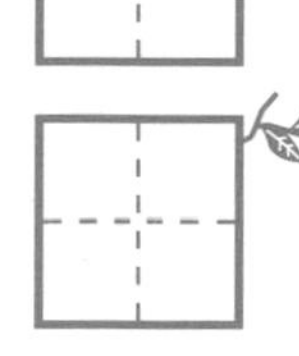

在放風時，鸚鵡有時候會飛到手機、雜誌、電視上，擋住飼主的視線。這是出於「看我啦！」、「陪我玩啦！」希望主人理會自己的心情。鸚鵡是非常重視溝通交流的生物。放風時間，請不要「一邊」分心做其他事，而要專心地和愛鳥互動喔。

除此之外，鸚鵡還有許多求關注的手段，像是拉衣服、倒掛，以及故意惡作劇等。見到鸚鵡做出這些行為時，記得務必回應牠的需求。

解答

理會

陪玩、**看我**等答案在意思上也都正確！……咦？你說**不幸**？才沒有那種事呢～！鸚鵡就只是想要主人**理會**自己而已啦。

解答

嘴巴

臉部、**手部**、**頭部**……符合的答案好像很多，但其實正確解答是**嘴巴**。鸚鵡非常清楚飼主的聲音是從哪裡發出來喔！

13

對飼主

希望主人跟自己說話時會靠近□□

鸚鵡之所以靠近飼主的嘴巴，**是在提出「跟我說話！」的要求**。假使鸚鵡是在飼主和家人交談時做出這個舉動，那麼也許是在要求「叫我的名字嘛！」、「跟大家談論我的事情！」這時只要對牠說「○○好可愛喔」，彼此的感情一定會更加深厚♪

另外，當好奇飼主在吃什麼時，鸚鵡有時也會跑來嘴巴旁邊觀察。那副可愛的模樣雖然讓心都快融化了，但是**切記千萬不可以餵鸚鵡吃人類的食物喔**。

一起用餐，□□時光

解答

共享

想必有不少人從之前已經提過好幾次的「陪伴」一詞，聯想到這個答案。答案就是**共享**。呃，應該不會有人回答**倒流**時光這種充滿科幻感的答案吧……？

鸚鵡能夠從陪伴，以及共享某種事物之中獲得安心感。因此，鸚鵡有時會在飼主開始用餐的時間吃飼料，**想要和主人共享時光和行動**。假使愛鳥開始和自己在同個時間吃飯，不妨可以跟牠說「好好吃喔～」，這樣就能**彼此共享心情，讓鸚鵡感覺和飼主更加親密**。

同樣地，睡眠時間也可以共享。有時鸚鵡看到飼主在睡覺，也會心想「現在可以放心了呢」，然後開始打瞌睡喔。

解答

伴侶

最愛的人或**情人**在意思上也都正確。順帶一提，關於**大人**以外這個答案……因為有些鸚鵡也會對小孩產生攻擊性，所以這個答案也算正確。鸚鵡的心思好難捉摸啊。

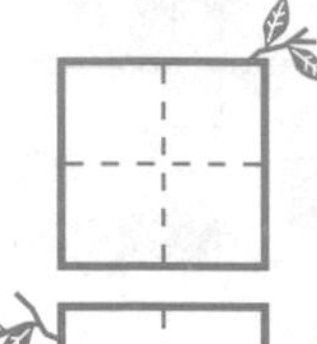
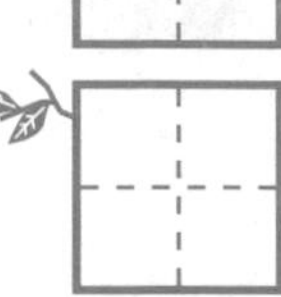

15 對飼主

對□□以外的人具有攻擊性?!

之前在第136頁介紹過鸚鵡的嫉妒心很重，而事實上，有的鸚鵡會將伴侶以外的對象視為敵人，此狀態也會被稱為「Only One」，可能會咬傷其他家人，或是不願接受伴侶以外的人餵食。請飼主與家人一起練習和鸚鵡和睦相處。

另外，有些鸚鵡可能會基於「待在高處比較厲害」（第115頁）的理論，對個子嬌小的小孩子產生攻擊性。這種時候，請把鳥籠擺在較低的位置，將鸚鵡的視線往下移。

只會親近一位家人

飼主A小姐

我是很高興我家的桃面情侶願意親近我，可是牠卻會對我先生和其他人產生攻擊性，而且也只吃我餵的食物……這樣下去沒問題嗎？

身為伴侶的人請減少接觸

哎呀呀，這隻桃面情侶呈現「Only One」的狀態了呢。這種時候，要請身為伴侶的人稍微減少接觸。除此之外，還要暫時由其他人來做像是餵零食等會受鸚鵡歡迎的工作。另外，當鸚鵡咬了其他人，伴侶絕對不可以笑，否則鸚鵡會因為想要討伴侶開心，使得問題行為反覆發生。

因為人家覺得，我和最愛的媽媽之間的感情被打擾了嘛。不過，最近爸爸都會給我零食，所以我也開始喜歡上爸爸了。

向鸚鵡提問！

對伴侶以外的人刮目相看的時機 Best 3

第1名 獲得零食

「居然會給我好吃的東西，這個人真棒！」

第2名 和伴侶以外的人外出

「能夠依靠的就只有這個人。有他在身邊就放心了。」

第3名 陪伴在身邊

「最近，這個人經常陪在我身邊，那我就認同他好了。」

16

對飼主

見到有人在哭會想要

解答

確認

各位飼主，對不起！這是一個會讓人誤以為答案是「想要**安慰**」的陷阱題。回答想要冷靜地**確認**、**觀察**的人太厲害了，完全正確！

當遇到難過的事情，眼淚撲簌簌地掉下來……這種時候，如果鸚鵡靠過來，身為飼主想必會心想「你是想要安慰我嗎？」而感到很療癒吧。可是，其實鸚鵡並沒有要安慰人的意思，**單純只是覺得飼主的樣子和往常不同，才會過來確認「主人怎麼了？」**

話雖如此，在悲傷時有愛鳥的陪伴還是一件令人開心的事。請試著跟鸚鵡說「謝謝你」，如此一來，鸚鵡會因為飼主有所反應而覺得高興，等到下次又發生相同情況，牠就會又陪伴在你身邊喔。

鸚鵡四格漫畫 陪在身邊篇 1

「我回來了」的平方

完美的舉手！

從鸚鵡之間的關係來解讀

和對人類一樣，鸚鵡之間也是透過叫聲和肢體語言來溝通交流。那麼，會被鸚鵡喜歡的鸚鵡是什麼樣子呢？接下來就進行詳細的解說。

被鸚鵡喜歡、討厭的鸚鵡

鸚鵡喜歡懂得察言觀色的鸚鵡？！

鸚鵡並不會「一見鍾情」，基本上都會花時間去了解對方，再做出「喜歡」或「討厭」的判斷。那麼，說到鸚鵡喜歡什麼樣的對象，答案就是「懂得察言觀色」的鸚鵡。鸚鵡喜歡能夠敏銳察覺自己的心情，並且懂得拿捏距離感的對象。另外，鸚鵡有時也會受到第一印象很大的影響，憑感覺做出「無法好好相處」的判斷，然後和對方之間隔起一道牆。雖然只要慢慢習慣後也有機會和睦相處，但是需要相當的時間和毅力。

遭同伴無視的有很多是公鸚鵡？！

有些鸚鵡無法從同伴的表情、行動來解讀對方的心情，結果下場就是被同伴討厭，而遭同伴無視的鸚鵡多半都是雄鳥。牠們不僅展開追求的時間點很差，還不了解對方想要什麼，所以被雌鳥甩掉的情況屢屢發生……。

明明都被討厭了還去煩對方

無法察覺對方的需求

還沒向對方求婚就想交配

即使不受鸚鵡歡迎，還是很會對飼主「撒嬌」這一點讓我人氣爆棚！

1 對鸚鵡

互相依偎是□□□的證明

解答

感情好

正確答案是**感情好**。因為答案太直接了，或許反而讓人有點難猜。回答是**險惡**的證明的人，鸚鵡沒有那麼厲害啦，牠們只是想和喜歡的對象在一起而已！

感情好的鸚鵡一天到晚都膩在一起的例子並不罕見。像是一方飛走了，另一隻就追上去，或是先飛走的鸚鵡出聲呼喚伴侶……總之就是隨時都很恩愛♡不過，不只是一公一母的鸚鵡情侶會這樣，意氣相投的同性鸚鵡也會如此。話雖如此，桃面情侶、牡丹這類「愛情鳥」情侶的這種傾向還是較為強烈。

因此，如果是2隻以上的鸚鵡一起生活，鸚鵡之間彼此恩愛，結果「眼裡沒有飼主」的情況很常發生。迎接鳥寶回家前請務必先做好心理準備。

依偎♡

互相理毛是

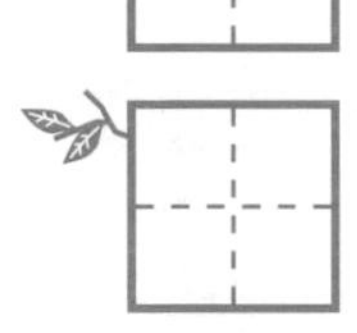

交流的表現

解答

愛意

這題的答案是**愛意**。有了「交流」二字，就會讓人很想填入**情報**這個答案，但是很可惜，鸚鵡並不具備「只要整理羽毛，就能知道身體狀況如何！」的技能。

鸚鵡情侶間互相理毛的行為，屬於肢體接觸的一環。鸚鵡能夠從中獲得安心感，並且**感受到彼此的愛意**。另外，**羽毛受到碰觸所帶來的刺激，會從皮膚傳導至大腦，讓鸚鵡感受到快感**。

將人類視為伴侶的鸚鵡，會透過整理飼主的頭髮、輕咬來表達愛意。這時，如果搔搔牠的身體作為回報，鸚鵡會感到非常滿足喔。只不過，做得太過火有可能會誘發發情，這一點要特別留意。

說話是為了交流

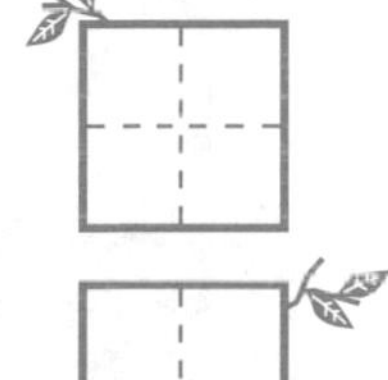

解答

情報

答案是**情報**。這一點和人類非常相似呢～。至於回答**愛意**的人，鸚鵡的確是有可能彼此互訴愛意……就勉強算是過關吧。

感情好的鸚鵡，會用鸚鵡的語言「嗶嗶」地說話。這種行為，被認為像是人類的閒話家常一樣，是在進行情報的交流。鸚鵡的表達方式和人類相近，以聲音為主，有時則會透過肢體接觸來互相傳達心情和想法。

雖然很難正確地了解牠們在說什麼，不過像是「我的主人真的好棒喔～」這樣幫牠們配音也挺有趣的呢。如果飼主有會被鸚鵡抱怨「最近打掃很不認真耶」的預感，就趕緊在真的被牠們說壞話之前好好改善吧。

同步是□□□的第一步

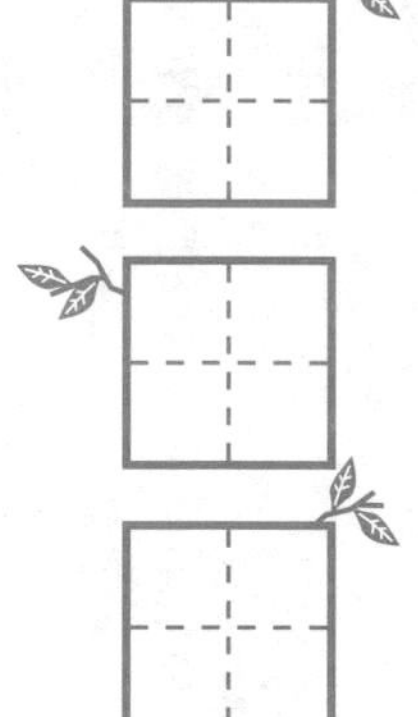

解答

感情好

同步、一起、共享……對讀到這裡的飼主而言，這題可能很簡單喔。……應該沒有人會回答**絕交**的第一步，這種悲傷的答案吧？

喜歡集體行動的鸚鵡，會因為在同個時間飛行、吃飯而感到安心。因為這麼做可以讓自己與他人同化、融入群體，就不必擔心受到敵人威脅。

像是同時間整理羽毛、吃飯等，**鸚鵡之所以會動作同步，是因為彼此認同對方的存在，並且互相視對方為同伴**。感情好的鸚鵡會自然而然地動作同步。假使平常很少一起行動的鸚鵡同步了，就有可能表示牠們的感情開始有所進展。

對鸚鵡 5

反芻是給女朋友的□□

公鸚鵡進入發情期之後，會把含在嘴裡的飼料吐到雌鳥嘴裡，當成禮物送給對方，而這種行為稱為「反芻」。這是鸚鵡特有的求婚儀式，如果雌鳥接受，雙方就會直接進行交配。這種求愛行為不只會發生在鸚鵡情侶之間，有時也會對飼主或鏡中的自己這麼做。

另外，如果是罹患了嗉囊（第33頁）相關的疾病，鸚鵡也會將吃下的食物吐出來。假使發現愛鳥狀況有異，請立即送去動物醫院接受診療。

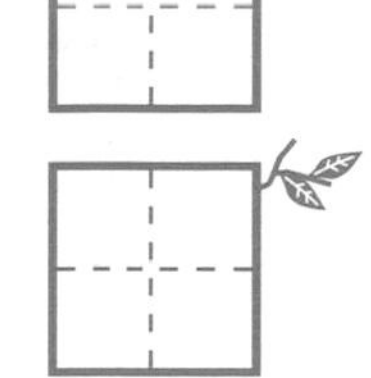

解答

禮物

把含在嘴裡的飼料吐到對方嘴裡的「反芻」，無疑是一份愛的**禮物**。至於回答**騷擾**的人，你的愛鳥正在用傷心的表情看著你喔！

鸚鵡吵架是□□定勝負！

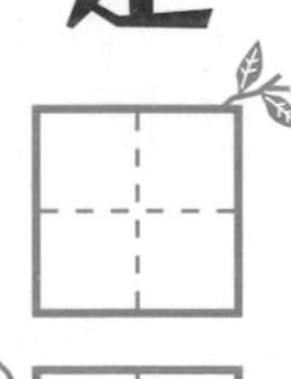
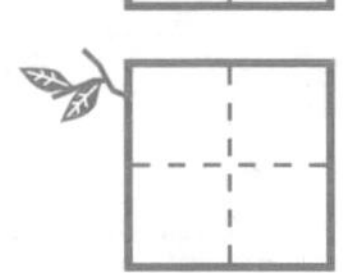

解答

瞬間

鳥喙的強度、體力、身體的大小……認真考察鸚鵡有哪些強項的人，請回想一下第60頁的內容。基於鸚鵡生氣時的特性，牠們吵架都是**瞬間**就決定勝負。

鸚鵡會**找人吵架的原因有很多，像是為了保護自己或地位，或是因為事情不如己意而發怒等**。不過，鸚鵡的個性是**「怒氣來得快，去得也快」**，除非事情真的很嚴重，否則一下子就會消氣了。即使發動了攻擊，只要對方逃跑或是沒有反擊，這場爭執也幾乎瞬間就會結束。

只不過，如果是個性強悍的鸚鵡，或是處於發情期無法控制脾氣的鸚鵡，就會為了保護自己的地盤持續奮戰，甚至有可能打到身受重傷。

對鸚鵡 7

會因為想看看

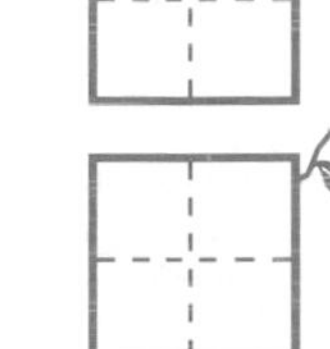

故意激怒對方

像是拉尾羽、一直追著對方跑等，鸚鵡有時會故意激怒其他鸚鵡。見到鸚鵡不出所料遭到反擊，飼主一定曾想「牠到底想做什麼？」覺得莫名其妙吧。其實，這是為了確認同伴的反應而採取的行動。立刻反擊、逃跑、沒有反應……鸚鵡會透過觀察對方的反應，**了解同伴的狀態及自己的身分地位**。因為群體之中如果有弱小的鸚鵡，自己也有可能受到危害，所以**有必要為了保護自己而進行確認**。

解答

反應

故意激怒對方好像小學男生會做的事情喔。不過，鸚鵡這麼做並不是因為對對方有好感喔，而是想看看對方的**反應**。……話雖如此，鸚鵡也不是因為想看對方**生氣的表情**才這麼做啦！

鸚鵡四格漫畫
陪在身邊篇2

不想輸！
早安～
吃過飯了嗎？
…
早安！
我還沒吃飯喔。
！
我們來吃飯吧♪
…
嫉妒～！
早安～
早安～！
!?
早安！
說話了!!
?

總比孤單來得好
這兩隻同居的鸚鵡
咬咬
咬咬
感情並不是非常好。
放風中。
牠們完全不會一起行動耶。
咬咬
咬咬
我要出門了，不曉得牠們能不能乖乖看家～。
飼主對此非常擔心……
但其實只要有必要，鸚鵡們還是會和睦相處啦！
嗶嚕嚕嚕
嗶～♪
呼！

和鸚鵡一起生活

了解鸚鵡的相關知識和心情之後，接下來要透過13道填空題，針對人類和鸚鵡的「生活」做個總複習。和鸚鵡生活很久的人或許能輕鬆答對喔♪

果然還是喜歡吃零食！

你平常在家都吃什麼？
我都是吃種籽喔。
大方、總是前傾的
橫斑同學
尤其我最愛吃加那利籽了
哇～好羨慕喔。我家主人都只給我吃滋養丸。
我兩種都有吃喔！
把種籽的殼剝掉好好玩呢～
我喜歡吃水果～♪
所以我比較喜歡種籽！
總是陽光開朗的
凱克同學

LESSON 4 和鸚鵡一起生活

為了健康，必須正確地管理

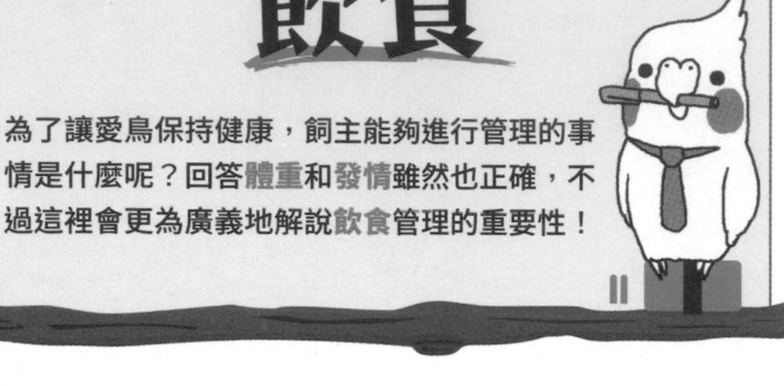

解答

飲食

為了讓愛鳥保持健康，飼主能夠進行管理的事情是什麼呢？回答**體重**和**發情**雖然也正確，不過這裡會更為廣義地解說**飲食**管理的重要性！

和人類一起生活的鸚鵡，只能從飼主所準備的食物中攝取營養。而不均衡的飲食生活會使得免疫力下降，進而招致疾病纏身……。

鸚鵡要保持健康，必須**均衡攝取3大營養素的蛋白質、脂質、碳水化合物，以及維生素、礦物質等養分**。請各位飼主務必清楚理解主食和副食品所扮演的角色及功用。

另外，了解各個鳥種的食性也很重要。本書會介紹適合虎皮、玄鳳等**「穀食性」鸚鵡的飲食方式**。

補習課程

還想知道更多！

關於 鸚鵡的營養學

鸚鵡需要的營養素有很多，如果只攝取單一食材，無論如何都會造成營養不均。最理想的狀態，就是從各種不同的食物中攝取養分！接著，就來學習鸚鵡所需的營養吧。

主題》鸚鵡所需的營養素和功用是什麼？

3大營養素「蛋白質、脂質、碳水化合物」

蛋白質

構成肌肉、脂肪、血液、鳥喙等身體器官的主要營養素。一旦缺乏會造成發育不良、體重減輕。

脂質

鸚鵡活動所需的能量來源。一旦攝取不足，就會導致發育不良、對感染病等的抵抗力下降。

碳水化合物

活動所需的能量來源。若缺乏活動力就會下降，但相反地，攝取過多也會造成肥胖！

各種維生素和礦物質

需要的維生素和礦物質多到數不清。尤其重要的是維護皮膚狀態的維生素A、讓神經維持正常運作的維生素B_1、形成骨頭和蛋殼的鈣、促進碳水化合物和脂質代謝的磷、以及形成血液所需的葉酸。

維生素D_3要靠做日光浴

形成骨頭和蛋殼雖然需要鈣，但如果不同時攝取維生素D_3，鈣便無法被身體吸收。可是，維生素D_3是一種不存在於種籽、青菜中的營養素。想要攝取，就必須做日光浴使其在體內合成，或是餵食營養劑。

總結

要養出健康的鸚鵡，除了3大營養素外，還需要餵食各式各樣的食物，使其攝取到充足的維生素和礦物質。

以滋養丸作為□□最為理想

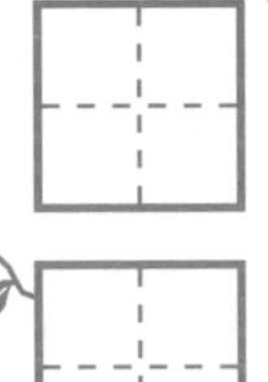

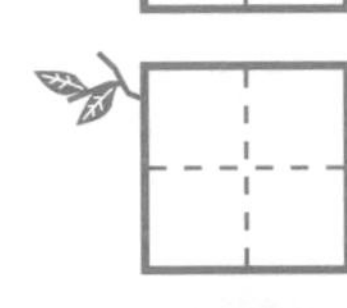

解答

主食

說起鸚鵡的主食，很多人都會想到種籽，因此突然聽到滋養丸，應該有些飼主會覺得很驚訝吧。其實，以滋養丸作為**主食**才是最理想的做法喔。

滋養丸是能夠讓寵物鳥均衡攝取到所需營養素的「綜合營養食品」。由於以種籽作為主食，很難充分給予愛鳥需要的營養，因此以滋養丸作為主食較為理想。

之所以會說「理想」，是因為有很多鸚鵡不願意吃滋養丸。如果愛鳥不肯吃，可分成以下幾個階段來進行轉換：①將滋養丸磨成粉，撒在種籽上、②從小顆的滋養丸開始混合、③逐漸增加滋養丸的比例……每個階段，都要仔細確認愛鳥有沒有吃完，以及體重是否有下降。

種籽要□□餵食

解答

混合

回答**嚴選**的人，可能覺得講究品質很重要吧，但其實**混合**多個不同種類餵食更重要喔。咦？你說**弄碎**嗎？種籽如果再弄碎會變成粉啦！

穀物種籽、種籽是鸚鵡最普遍常見的食物。因為比滋養丸便宜、適口性又好，所以有很多飼主都會選擇以種籽作為主食。

餵食種籽時，如果**只餵食相同種類容易造成營養不均的問題**。建議可以選擇由稗子、小米、黍米、加那利籽混合而成的「小鳥飼料」。請務必確認愛鳥會不會挑食。

另外，種籽還有分成「帶殼」和「去殼」兩種類型。基本上，**餵食營養豐富，又能享受剝殼樂趣的「帶殼」種籽是比較好的選擇**。

利用副食品讓□□□□均衡！

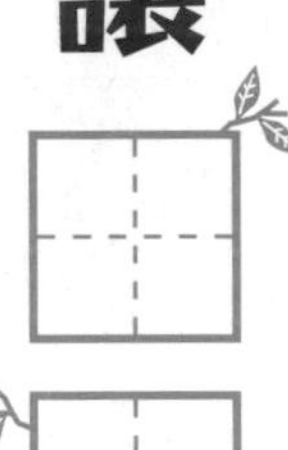
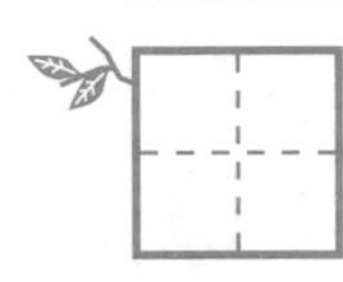

營養

均衡兩字是最大的提示。應該不少人都有想到正確答案是**營養**吧！至於回答**身體**和**軀幹**的人，你很迷戀鸚鵡的大胸肌嗎？鸚鵡的胸肌線條的確是很迷人呢♡

以種籽作為主食時，必須利用副食品額外補充營養。即使主食是滋養丸，也請務必給予副食品來增加飲食樂趣。

接下來介紹3樣最具代表性的副食品。第一個是**營養豐富的「青菜」**。建議選擇小松菜、巴西里、豆苗。第二個是將牡蠣殼磨碎的「貝殼粉」，或是墨魚骨等**「含鈣飼料」**。以含磷量豐富的**種籽作為主食的鸚鵡，為了預防代謝異常的問題，請務必要餵食這類副食品**。第三個是**「鹽土」，具有調節消化系統和攝取礦物質的功效**。

5
生活

給予符合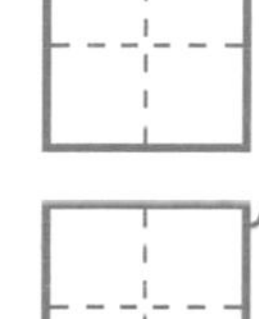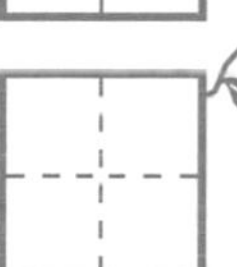的飲食

解答

成長

回答**體型**、身體**狀況**也正確。為了保持健康，給予符合這些條件的飲食是非常重要的！至於回答**成長**、**年齡**的人，太厲害了！完全正確♪

雛鳥和成年鸚鵡所需要的營養素並不相同，請配合不同的成長階段給予適合的飲食，細心守護鸚鵡的健康。

尤其處於成長期的鸚鵡，非常需要構成身體所需的蛋白質。仍需人工餵食的鸚鵡，請給予適量的專用飼料粉。雖然也有的飼主只會餵食粟玉，但是因為營養會不夠均衡，所以不建議這麼做。

另外，隨著年齡的增長，鸚鵡的代謝會逐漸減緩。若是持續餵食高熱量的食物容易發胖，請視愛鳥的體重和體型，重新檢視食物的分量和內容。

零食要

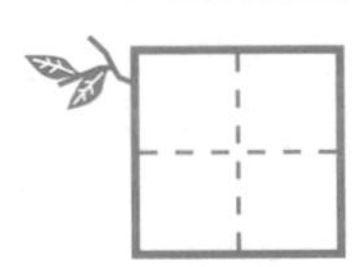

給予

解答

偶爾

回答**充分**、**大量**的人，過度餵食會造成肥胖，這樣是不行的喔～ !! 正確答案是**偶爾**。至於回答**當作獎勵**的人，姑且不論字數超過的問題，這個答案相當棒呢！

無論鸚鵡還是人類，都一樣非常愛吃零食！有最愛的食物這一點很重要，因為像是作為訓練或看完醫生後的獎勵、修復惡劣關係的手段、恢復食慾的契機等，可以在許多時候派上用場。

零食除了市面上販售的「鸚鵡用」商品之外，最具代表性的就是向日葵種籽、炒黃豆、果乾等。各位不妨試著給予不同種類，找出愛鳥喜歡的零食。

只不過，餵太多零食會造成營養不足和肥胖，這一點要特別留意。

不能餵食的東西篇

應用問題

問題〉〉從下列選項中，找出可以餵食鸚鵡的食物打〇。

1. 酪梨

可能引發呼吸系統障礙而死亡！

鸚鵡雖然最愛吃水果，但是嚴禁餵食酪梨。因為酪梨之中所含的殺菌毒素（persin）會引發呼吸系統障礙和循環系統障礙，即便少量也可能致死……。

2. 巧克力

咖啡因會使中樞神經失調

巧克力所含的咖啡因：可可鹼會引發中樞神經和循環系統障礙，即便少量也嚴禁餵食。咖啡由於也含有咖啡因，所以對鸚鵡來說很危險。

3. 綠花椰

十字花科的花和果實最好避免？

綠花椰雖然營養豐富，但是十字花科的花和果實中含有會誘發甲狀腺腫瘤的物質。一顆顆的「花蕾」部分切記不要餵食過量。

4. 酒精

會造成步行障礙、腹瀉、嘔吐

酒精類一律嚴禁餵食。即便攝取少量，也會引發運動障礙、腹瀉及嘔吐，最壞的狀況甚至可能喪命……另外，也要小心發生鸚鵡放風時跑來偷喝的意外！

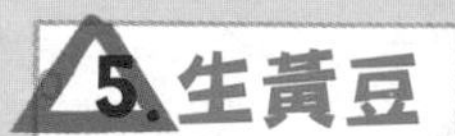

5. 生黃豆

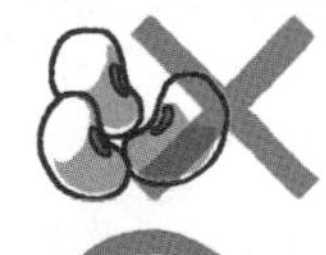

生黃豆NG，建議餵食炒黃豆

生黃豆含有會引起甲狀腺腫瘤和換羽異常的物質，所以必須避免。炒黃豆適口性佳，又含有豐富的必需胺基酸，是建議餵食的食品之一！

6. 觀葉植物

有的種類會引發中毒症狀！

以黃金葛、聖誕紅等為代表的觀葉植物多半會引發中毒症狀，非常危險。由於放風中的鸚鵡去啃咬觀葉植物的事故頻傳，請各位務必事先收好。

只能給予絕對安全的食物喔！

鳥籠要放在家人□□的地方

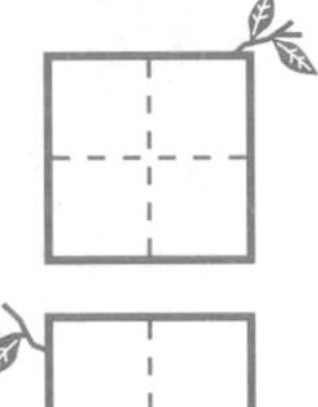

解答

聚集

那、那個……應該沒有人回答**不在**吧？鸚鵡是非常怕寂寞的生物，請千萬不要那麼做喔～！所以說，正確答案就是家人**聚集**的地方。

如同之前一再強調的，鸚鵡的願望就是和家人在一起。將鳥籠擺在玄關等沒有人的地方，對鸚鵡而言是很痛苦的事情。**鳥籠請放在客廳等家人聚集的場所**，而且最好是放在可以看見電視的位置，因為有許多鸚鵡都很高興能夠和飼主一起看電視喔。

另外，也不能因為陽光會照進來，就將鳥籠擺在窗邊。窗邊因為溫差很大，再加上又會看見烏鴉、貓咪等鸚鵡的天敵，所以會讓鸚鵡情緒緊張、無法平靜。

補習課程

還想知道更多！

關於鳥籠的布置

為了一整天大半時間都在籠中度過的鸚鵡，將鳥籠布置得舒舒服服吧。以下會傳授一般的布置方式，之後就請飼主找出真正讓愛鳥安穩居住的配置嘍。

主題》一般的布置方式為何？

飼料盒

放在容易食用的位置。建議選擇可固定於鳥籠的款式。

棲木

鸚鵡休息的場所。棲木的粗細也要配合鳥種進行選擇。

飲水器

設置在容易飲用的位置。水不會弄髒的寶特瓶式飲水器比較方便！

溫濕度計

可隨時確認鳥籠周圍的溫濕度。請設置在鳥籠上。

玩具

為避免鸚鵡感到無聊，請擺放1～2個玩具在鳥籠裡。

插菜盆

準備一個讓鸚鵡吃青菜的地方。另外也建議準備一個盆子裝貝殼粉。

鳥籠的大小？

鳥籠要根據體型來挑選適合的大小。虎皮等小型鸚鵡適用單邊35cm左右，玄鳳等中型鸚鵡適用單邊45cm左右，灰鸚鵡等大型鸚鵡則適用單邊45cm、高60cm左右的鳥籠。由於可能會勾到翅膀，因此請避開造型複雜的款式，選擇簡單的四方型鳥籠即可。

總結

鳥籠內要擺放的用品，有飼料盒、棲木等一共6種。將用品配置在符合愛鳥需求的位置很重要！

透過放風加深和鸚鵡之間的□□

讓鸚鵡到鳥籠外面玩稱為「放風」。除了可以解決缺乏運動的問題及消除壓力，放風也能加深飼主和鸚鵡的感情，請盡量每天讓愛鳥出來放風。

早晚各一次，每次各30分鐘～1小時最為理想。另外，放風時間太長也不好。因為鸚鵡會把房間當成鳥籠、把鳥籠當成鳥巢，結果導致過度發情等狀況。

在放風時，千萬留意別讓鸚鵡逃跑了。還有，飼主如果「一邊分心做其他事」會讓鸚鵡傷心，所以放風時記得要專心地和愛鳥互動喔。

解答

感情

回答**感情**、**情誼**的人答對了！姑且不考慮字數，回答**互動交流**、**信任關係**也OK。話雖如此，有些放風方式也可能造成反效果，因此不可不慎！

補習課程

還想知道更多！

關於 房間的危險

讓鸚鵡出來放風之前，請務必先確認室內是否安全！許多對人類而言沒什麼大不了的東西，事實上卻會對鸚鵡造成生命危害。以下就介紹潛藏在房間裡的危險物品。

LESSON 4

和鸚鵡一起生活

主題》潛藏在房內的危險物品是什麼？

金屬非常危險！

有些金屬中所含的物質，鸚鵡一旦攝取到就會引發中毒。其中最具代表性的，就是窗簾的鉛墜和彩繪玻璃的接縫處所使用的「鉛」，以及家具會使用到的「鋅」和「鍍錫」。萬一鸚鵡誤食了，請儘快送到動物醫院就診。

總結

房間內有許多對鸚鵡而言很危險的物品，放風之前請務必先收拾乾淨。另外，還必須確認金屬的成分為何！

舒適的室溫為□□～□□度

解答

20～25

回答25～30度算是勉強過關。因為雛鳥、老鳥和生病的鸚鵡最好要進行保溫，所以這個答案正確。如果是成鳥，則20～25度才是適當的溫度。

鸚鵡的原產國像是澳洲、南美等，都集中在相對溫暖的地區。因此，**鸚鵡基本上耐熱但不耐寒**。為避免冬季的寒冷氣候使得鸚鵡生病，請以空調確實保溫。

話雖如此，太熱或是冷熱溫差太大也會讓鸚鵡生病。**請全年都讓鳥籠周圍的溫度保持在20～25度之間**。

還有，不要將鳥籠放在會直接吹到空調的風的地方。煤油暖爐等會對呼吸系統造成負擔的器具也嚴禁使用！

解答

健康

正確答案是**健康**。至於回答**在體內合成維生素D3**的人，這個答案實在太完美，讓人完全可以忽略「字數不合」的問題！另外，回答**幫助鈣質吸收**的你也很棒！

10 生活

為了□□，做日光浴是必要的

讓鸚鵡可以曬太陽的「日光浴」。曬太陽能夠利用紫外線，在體內合成吸收鈣質所需的「維生素D3」。維生素D3是鸚鵡平時很難透過飲食獲得的營養素。**為了健康，請讓鸚鵡每天做30分鐘左右的日光浴。**

由於隔著玻璃窗做日光浴，紫外線會被阻隔在外，因此請直接照射陽光，並且讓部分鳥籠保持陰暗，鸚鵡便有空間可以休息。另外，為防止意外發生，做日光浴時請不要將視線離開鸚鵡。

11

生活

最多可以看家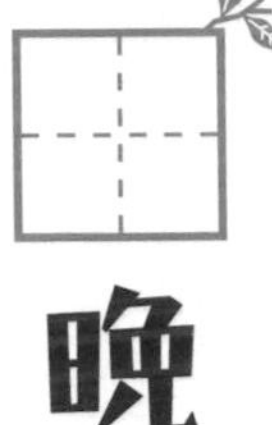晚

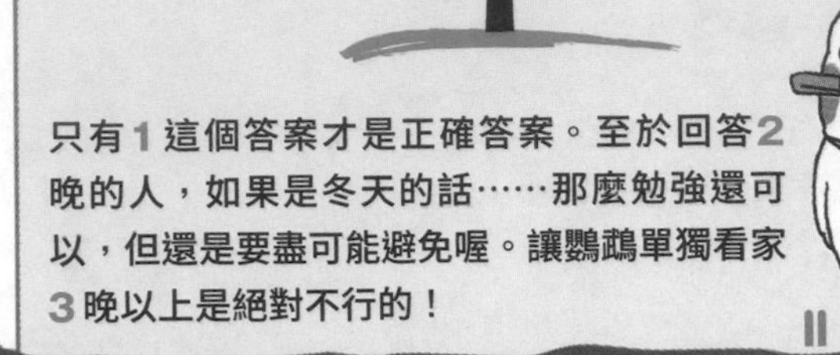

只有1這個答案才是正確答案。至於回答2晚的人，如果是冬天的話……那麼勉強還可以，但還是要盡可能避免喔。讓鸚鵡單獨看家3晚以上是絕對不行的！

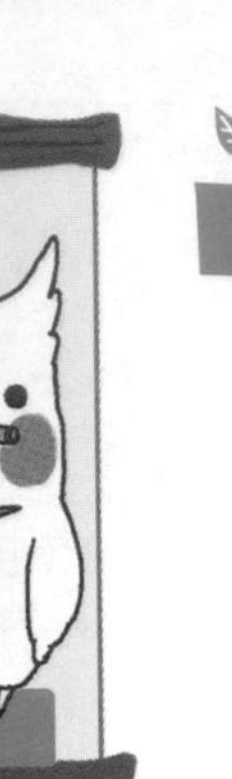

鸚鵡的關鍵字是「陪伴」，所以看家是牠最討厭的事情。夏天最多1晚、冬天則最多2晚，但是由於溫度管理和健康管理上仍有疑慮，因此還是要盡可能只讓鸚鵡看家1晚。

另外，能夠獨自看家的只有健康的成鳥。假使是幼鳥、高齡鸚鵡，或是處於病中、病後的情況，身體狀況可能會突然有變化，所以嚴禁看家。

另外，只要做好萬全的逃脫對策和溫度管理，反而建議可以積極和鸚鵡一起出門。這樣有助於鸚鵡淡化地盤意識，和飼主的感情也會更深厚。

補習課程

還想知道更多！

關於 看家的準備

接著來學習如何讓鸚鵡安全地看家吧！重點在於考量安全性，以及打造一如往常的環境。請盡可能做好準備，不要讓鸚鵡感到寂寞喔。

主題》讓鸚鵡看家的重點為何？

重點1 管理室溫

利用空調將室溫維持在適當的溫度。另外，鳥籠要放置在不會直接照到陽光的地方。

重點2 飼料要充足！

準備2個以上的飼料盒，放入足量的食物。因為水髒了就容易變質，所以要設置飲水器。

重點3 取下蓋布

獨自待在黑漆漆的地方，可能會讓鸚鵡不安到陷入恐慌，因此請事先取下蓋布。

重點4 避免感到無聊

為了減輕寂寞感，最好可以將電視設定成每2小時便自動開啟。另外，也要擺放安全性高的玩具。

也可以考慮托人照顧

有些鸚鵡即便只看家1晚，身心也會承受龐大的壓力。這種時候建議可以考慮托人照顧，而不要勉強讓鸚鵡看家！像是熟識的動物醫院、寵物旅館，或是熟悉如何照顧鸚鵡、值得信賴的朋友等，都是可以考慮拜託的對象。

總結

讓鸚鵡看家時，將室內保持在適當溫度、準備充足的飼料和水、避免感到無聊……必須徹底做到這3點才行！

利用洗澡□□□□

解答

轉換心情

除了**轉換心情**這個標準答案外，回答**清潔身體**也正確！儘管同樣都是「沐浴」，日光浴是為了維持健康所必需的，但是這裡的洗澡只要看鸚鵡的心情就OK。

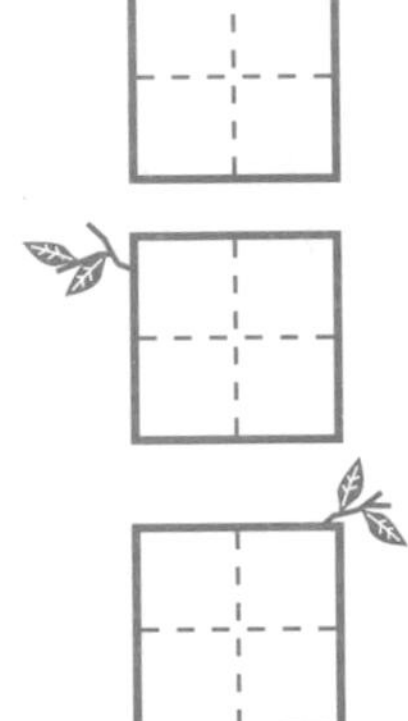

洗澡可以洗去身體的汙垢和脂粉，並且具有消除壓力的功效。每隻鸚鵡的洗澡方式都不同，有的鸚鵡喜歡在裝了水的盤子裡洗澡，有的則偏好直接以水龍頭的水來沐浴。無論是洗澡的時機點還是做法，都請飼主配合鸚鵡的喜好，幫忙準備好適當的環境。

另外，洗澡的時候務必要使用常溫水。因為**洗熱水會讓羽毛上覆蓋的皮脂溶解，使得防水、保溫功能大幅降低**。

迎接新同伴之前要先□□

解答

相親

回答**說服**、**讓鸚鵡接受**的人算是勉強過關。不要突然就帶新的鳥寶回家這一點非常重要！因此具體回答**相親**這個步驟的人完全正確♪

如果是想為家中鳥寶找個伴，因為雙方的契合度非常重要，所以相親是必須的。一開始先讓牠們隔著鳥籠見面，假使牠們彼此互感興趣，就算是突破第一道關卡了。

假使要迎接不同種類的鸚鵡回家，請先準備鳥籠，並放入布偶給原來的鳥寶看，以這樣的方式預先練習同居。

另外，對鸚鵡來說，同居的鸚鵡也是和自己爭奪飼主的競爭對手，因此有可能發生雙方合不來打架的情況，必須格外留意。

挑食這件事

看家時的心情

和鸚鵡同樂

以下將透過5道填空題，介紹想和鸚鵡感情更融洽的你不可不知的小知識。假使你能完美解開這5道題目，和鸚鵡的生活一定會更加幸福又快樂♪

大家最愛飼主了！

最近啊，我和主人的感情變得比以前更好了～♡
我也是～♪
可是，要怎麼做才能讓感情更融洽呢？
我也好希望主人覺得開心喔。
?
像是一起玩遊戲，
只要多多肢體接觸就好啦！
原來如此！
!

後來，學生們
回到各自的家，
掰掰！
再見～

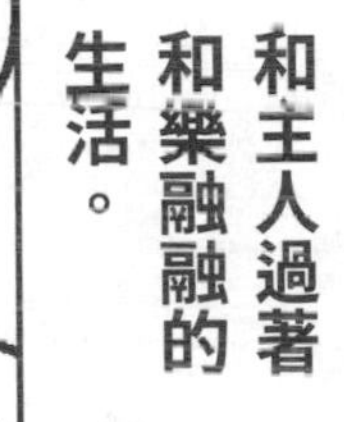
和主人過著和樂融融的生活。

大家好像都有活用所學，
和主人建立起良好的關係呢。

鸚鵡喜歡具有□□□的人

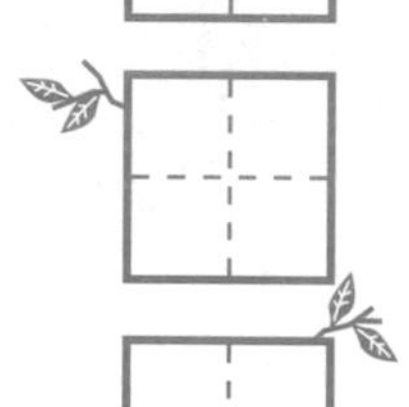

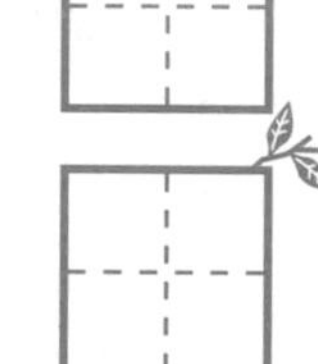

對鸚鵡而言，最重要的就是「能夠安心」。牠們也會向飼主尋求安心感，會對「只要和這個人在一起就能安心」這樣的人抱持好感。

所以，儘管在鸚鵡面前表現出懶散的樣子吧！只要飼主一副悠哉的模樣，鸚鵡就會認為周圍沒有危險，進而產生「待在主人的身邊讓人好放心～」的想法。

相反地，如果待在動作迅速匆忙的人身邊，會讓鸚鵡感到緊張、無法平靜。所以，記得要空出時間和鸚鵡悠哉地相處喔。

解答

安心感

和藹？**體貼**？**包容力**？如果套用在人類身上，以上每個答案都是受歡迎的要素呢。不過，鸚鵡喜歡的其實是具有**安心感**的人！各位，努力成為受鸚鵡歡迎的人吧♡♡♡

補習課程

還想知道更多！

關於 鸚鵡對人的信任

想得到鸚鵡的愛，讓牠產生「只要和這個人在一起就能安心♡」的想法、贏得信任是不可或缺的！以下將傳授得到鸚鵡信任的方法，各位煩惱不知如何改善和鸚鵡之間關係的飼主，千萬別錯過了！

主題》得到鸚鵡信任的訣竅是什麼？

訣竅 1
一起出門

這個方法的效果立竿見影！在到處都是陌生人的環境裡，能夠保護自己的就只有飼主。在這樣的情況下，只要跟牠說話、給牠零食，鸚鵡就會覺得「主人真是太可靠了!!」

訣竅 2
發生狀況時趕去關心

像是發生地震時、傳來陌生聲響時……當鸚鵡感到不安，就是飼主表現的時候了。請立刻趕上前去安撫鸚鵡。

訣竅 3
用一貫的態度對待鸚鵡

明明做了相同的事情，飼主卻時而誇獎、時而無視地擺出不一樣的態度，這樣會讓鸚鵡無所適從，進而降低對主人的信任感。請以一貫的態度對待鸚鵡。

總結

要獲得鸚鵡的信任，在日常生活中保有一貫性，以及在危機發生時表現出可靠的一面非常重要！

2 同樂

恢復信任需要□□

解答

毅力

正確答案是**毅力**。回答**時間**的人算是對了一半。如果是基於不採取行動、「交給時間去解決」的想法回答，那就是錯的。

假如飼主伸手想要撫摸，愛鳥卻會害怕、閃躲，那麼很遺憾，鸚鵡可能已經不再信任你了……。會造成這種狀況的原因有很多，像是曾經試圖強硬地抓鸚鵡，結果無意間讓鸚鵡有了不好的感受等，飼主可以回想一下可能的原因。

想找回一度失去的信任感需要相當大的毅力。首先，請隔著鳥籠給予獎勵，讓鸚鵡記住「手＝不可怕」。之後再慢慢地縮短距離，等到鸚鵡願意站在飼主身上，就表示你再度獲得鸚鵡的信任了！

就能培養社交能力

解答

邀人來家裡

回答**一起出門**也正確！和正確答案**邀人來家裡**一樣，兩者都是必須的。至於**說話**、**一起玩**這類只有飼主和鸚鵡也能做的事情，很可惜並不正確。

鸚鵡也需要培養社交的能力。因為**如果只和飼主接觸，鸚鵡會變得對飼主以外的人具攻擊性，而且只接受伴侶給予的食物**。還有，外出去醫院時也會讓鸚鵡感受到龐大壓力。

飼主想要培養出鸚鵡的社交能力，訣竅就是「邀人來家裡」，讓牠習慣飼主以外的人，以及「一起出門」好習慣家裡以外的環境。邀人來家裡時，要先從只邀一位和飼主同性別的人開始。

取得□□後再進行肢體互動

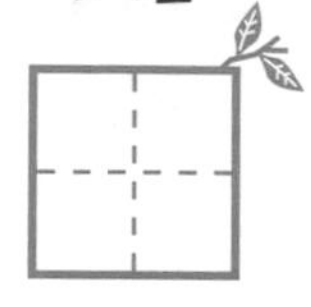

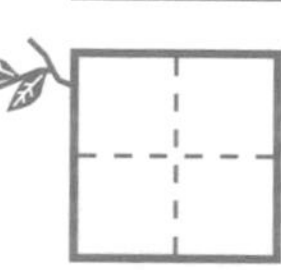

解答

信任

答案是**信任**。無論如何，最重要的就是獲得信任。回答**許可**也正確。當你伸出手指時，如果鸚鵡會低下頭或把頭伸過來，那就是「幫我搔癢～」的意思♪

肢體接觸是和鸚鵡加深感情非常重要的手段。尤其用手指「搔癢」，更是許多飼主心中的夢想。但是，當鸚鵡對手還存有恐懼，這時進行肢體互動尚嫌太早，因為被可怕的手撫摸身體實在教人害怕……所以，在進行肢體互動之前請先取得鸚鵡的信任。

鸚鵡喜歡被觸碰的部位是頭、脖子四周和背部。在鸚鵡願意被觸摸的範圍內觸碰雖然沒有問題，但是**觸碰背部或用手將整個身體包起來，可能會打開鸚鵡的發情開關**，這一點要特別留意。

補習課程

還想知道更多！

關於 讓鸚鵡上手的訣竅

肢體互動的第一步就是讓鸚鵡停在手上！如果能夠做到這一點，鸚鵡和飼主的距離就會一下子拉近。以下會介紹如何利用零食進行「上手訓練」，大家好好練習吧。

主題〉〉 上手訓練的步驟是什麼？

步驟 1

使用獎勵呼喚

首先從練習讓身在遠處的鸚鵡靠近手開始。將一隻手放在地板上，另一隻手拿零食，然後用放在地板上的手輕輕拍打……。

步驟 2

往手的方向誘導

讓拿獎勵的手，慢慢靠近放在地板上的手，誘導鸚鵡前進。一開始，即使鸚鵡只靠近手一點點，也請務必給予獎勵！

步驟 3

讓鸚鵡站在手上

等到鸚鵡會站在手上了，就在牠上手時給予獎勵。如此久了習慣以後，就算沒有獎勵，鸚鵡也會主動上手喔。

總結

要讓鸚鵡學會上手，很重要的一點是要使用零食，訓練牠產生「站在手上就會有開心的事情發生！」的想法。

5

同樂

一起□□能夠加深感情

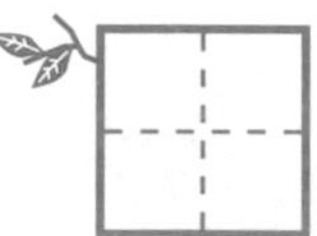

解答

遊戲

一起**遊戲**會讓感情加深這一點，人和鸚鵡都是一樣的。**說話**、**相處**這類答案雖然也沒有錯，不過加深感情最推薦的方法還是遊戲，而以下將介紹其重要性♪

和鸚鵡關係變得要好的方法很多，其中最推薦的就是和鸚鵡一起玩。因為**鸚鵡能夠從共享事物中感受到喜悅，所以「一起」遊戲可以大幅增進彼此的感情**。遊戲方式，請選擇能夠共享時間、場所、動作、情感的種類。

遊戲時，請務必配合鸚鵡的心情。假使鸚鵡沒那個心情還勉強邀牠玩，鸚鵡可能會變得討厭玩遊戲。另外，**遊戲要在鸚鵡感到厭倦之前結束**。如此一來，鸚鵡就會產生「好想再玩喔」的期待。

鸚鵡四格漫畫
玩遊戲篇

現正工作中……

飼主拿了某樣東西過來。

奇怪……這個東西
感覺跟我昨天才弄壞的玩具很像？

……啊！難道說弄壞玩具……
是主人交付給我的工作嗎?!

既然如此，
只能認真做事了！
啪喀！

運動遊樂場♥

主人的頭上
視野絕佳。

肩膀上
讓心情變得好平靜。

背部則是
倒掛——
又寬大又好玩！

主人是最棒的
遊樂場♪

鸚鵡的健康管理手冊

如何成為長壽的鸚鵡……

POINT 1 透過健康檢查及早發現異常！

POINT 2 盡量不造成壓力

POINT 3 管理日照時間

POINT 4 透過飲食管理防止過胖

POINT 5 避免過度發情！

POINT 1 透過健康檢查及早發現異常！

在野外生存，顯現出弱點的動物會被敵人盯上，所以鸚鵡即使生病或受傷了，也會本能地想要隱藏起來。因此，當鸚鵡明顯看起來身體不適時，病情有可能已經到了相當嚴重的程度……。請每天仔細觀察，只要稍微覺得「好像怪怪的」就立刻帶去動物醫院接受診療，千萬不要拖延。

健康檢查不只是用肉眼觀察身體而已，也要配合行動加以確認。尤其要特別仔細查看左頁的檢查重點喔。

鸚鵡的健康檢查重點

如果有未☑的項目，那麼身體有可能已經出狀況了……請立即帶去動物醫院就診！

[身體的檢查重點]

眼、鼻

- ☐ 眼睛沒有分泌物和流淚
- ☐ 眼、鼻周圍沒有腫脹
- ☐ 鼻孔周圍很乾淨
- ☐ 沒有打噴嚏和流鼻水

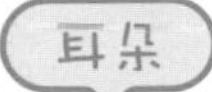

- ☐ 沒有怪味

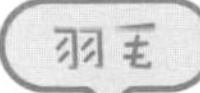

- ☐ 沒有蓬起
- ☐ 不會粗糙、紊亂
- ☐ 顏色沒有改變

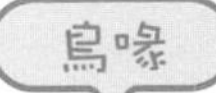

- ☐ 上下有確實咬合
- ☐ 顏色沒有改變
- ☐ 沒有變形

- ☐ 不會過瘦
- ☐ 沒有腫塊和肉瘤
- ☐ 腹部沒有腫脹

- ☐ 沒有腫脹
- ☐ 顏色正常

來檢查糞便吧！

糞便裡藏了大量體內的資訊！只要趁更換墊材時順便檢查一下糞便，就能及早發現消化系統和內臟的疾病。

異常的糞便

若糞便呈鮮綠色，則有可能是沒有吃飼料，或是鉛中毒。

各種身體不適都會出現這種糞便。也有罹患腎臟疾病、糖尿病的可能。

若糞便顏色接近黑色，因消化道出血而排出血便的可能性很大。

正常的糞便（以虎皮為例）

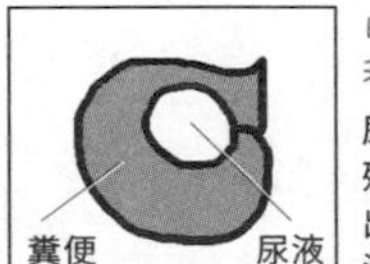

白色的尿和深綠色的糞便

尿液和糞便混合，從泄殖腔一起排出。可以分出深綠色糞便和白色尿液這兩個部分。

[行為的檢查重點]

- ☐ 沒有一直歪頭
- ☐ 不會沒有睡意卻頻頻打呵欠
- ☐ 沒有做出把臉埋進背部、羽毛蓬起等好像覺得很冷的舉動
- ☐ 翅膀沒有下垂
- ☐ 叫聲和往常一樣有精神
- ☐ 起床時間和往常一樣
- ☐ 食量沒有減少
- ☐ 沒有發出「吁吁」的異常呼吸聲
- ☐ 排泄順暢

POINT 2

盡量不造成壓力

一旦有了壓力，免疫力就會下降，進而變得容易生病。請盡可能減輕鸚鵡的壓力，以養出健康快樂的鸚鵡為目標。

壓力可大致分為**「精神壓力」**和**「環境壓力」兩種**。「精神壓力」的肇因有：無法和飼主在一起、沒有放風時間等；「環境壓力」則可能起因於急劇的溫度變化、不衛生的飼育環境等。要和鸚鵡一同生活，這兩種壓力都需要飼主多多費心照顧。

POINT 3

管理日照時間

幾乎所有的鸚鵡都是晝行性，**會在日出時開始活動，並在日落時睡覺休息**。然而和人類一起生活的鸚鵡，卻會在晚上被飼主打開的燈吵醒，或是在太陽較早升起的夏天被迫一直睡覺，過著違反本性的不規律生活。結果不是因此對健康造成不良影響，就是招致過度發情，或是在無聊時出現問題行為等。

要完全配合日出、日落的時間或許很困難，不過**鸚鵡基本上是8～10點起床、14～16點睡覺的動物。建議可以管理日照時間，盡可能接近鸚鵡的作息循環。**

調整日照時間的訣竅

配合日出開燈

鸚鵡所在房間的照明，最好設定成可以配合日出時間點亮。飼主也要盡量早起喔。

晚上要完全遮光

一旦開燈吵醒了鸚鵡，鸚鵡的睡眠時間就會被重新設定。請配合日落的時間，以鳥籠蓋布隔絕光線。

POINT

4 透過飲食管理防止過胖

肥胖百害而無一利。除了無法支撐體重導致飛行困難之外，還有可能引發心臟疾病和動脈硬化。務必要儘快幫助過胖的鸚鵡減重。

然而，過瘦也不是一件好事。鸚鵡的代謝速度快，需要大量的能量來維持生命。假使體重低於維持生命的下限，鸚鵡有可能因此死亡。

鸚鵡的減重訣竅

務必先向獸醫師諮詢再開始！

對鸚鵡而言，即便只是減掉1g的體重，也會對身體造成負擔。決定要減重之後，請務必先向獸醫師諮詢，重新確認飲食分量和適當的體重，找出不會影響健康的減重方法。

訣竅1 調整飲食分量

光是靠在家就能做的運動，是無法減輕體重的。減重最基本的原則就是要控制飲食！先測算一星期內出吃下的飼料量和體重的增減程度，再來決定適當的飲食分量。體重一口氣掉太多非常危險，請以3天減少1g左右為標準。

訣竅2 拉長睡眠時間

如果醒著的時間很長，無論如何就是會肚子餓。正在減重的鸚鵡尤其需要確實管理日照時間，建議可以傍晚一到就蓋上鳥籠蓋布，讓鸚鵡早點睡覺。

訣竅3 不輕易給飼料

野生鸚鵡會到處飛來飛去覓食。建議飼料不要只是直接放在飯碗裡，而要讓鸚鵡動腦才吃得到。這麼做也能減少無聊的時間。

設置多個飼料盒！

在鳥籠內設置2個以上的飼料盒，讓鸚鵡在進食的同時也能多些活動機會。

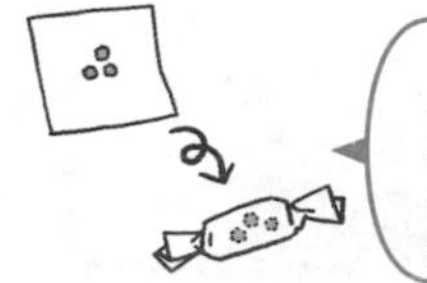

干擾進食

像是在飼料盒內放置障礙物等，讓鸚鵡不容易吃到也是一個方法。也很推薦把飼料包在紙張內。

也可以進行藥物治療！

動物醫院有時也會開立低蛋白質、高維生素的「處方飼料」。由於用法、用量會隨鸚鵡的狀態而異，請務必遵從獸醫師的指示。

POINT

5 避免過度發情！

所謂發情代表著「動物處於可交配狀態」。野生鸚鵡一年會發情1～2次，但是在寵物鳥之中，也有不少鳥寶每個月都會發情。

過度發情會對鸚鵡的身心帶來不良影響。雄鳥會變得容易罹患睪丸腫瘤；雌鳥則會因過度產卵而引發代謝異常，容易罹患內臟疾病和骨頭方面的疾病，甚至還可能引起挾蛋症而有生命危險……。

從左方的金字塔示意圖可以看出，只有當所有慾望都被滿足了才會達成發情的條件。換句話說，只要讓鸚鵡「欲求不滿」就不容易發情了。

發情的條件是……

當3種慾望都被滿足，就會達成發情的條件！

優越慾望
（想變得比其他個體更強！）

安全慾望
（想要處在沒有敵人的安心、安全的環境）

生理慾望
（想吃飯！想睡覺！）

在為人所飼養的情況下，這3種慾望很自然地能夠被滿足，因此鸚鵡才會時常處於有繁殖慾望的狀態……。

也就是說

只要這些慾望沒有被滿足，鸚鵡就不容易產生繁殖慾望！

防止過度發情的訣竅為何？

撤除鳥巢

只要有可以窩著的鳥巢及可用來築巢的材料，鸚鵡就容易發情。另外，也要盡量少讓鸚鵡窩在飼主的衣服裡（第131頁）。

減少肢體接觸

繁殖需要對象。由於有不少鸚鵡會將飼主視為「對象」結果誘發發情，因此注意不要太常觸摸、理會鸚鵡。

不要給太多食物

最重要！

這是預防過度發情最好的方法，因為能夠吃飽＝有餘裕可以養育雛鳥。請向獸醫師諮詢，適度地限制鸚鵡的飲食。

→第189頁

注射荷爾蒙

這是最後手段，是藉著注射荷爾蒙抑制發情的方法。缺點是必須每個月施打才有效。首先還是從管理飲食和日照時間開始實踐吧。

管理日照時間

日照時間一長，鸚鵡就容易發情。這是因為鸚鵡認為在日照時間長的夏天，糧食很充足豐富的緣故，所以請務必注意不要讓日照時間過長。

→第188頁

鸚鵡學校今後將繼續授業解惑

三輪非犬貓動物醫院 院長

三輪恭嗣

2000年起成為東京大學附屬動物醫療中心的實習醫生，現在則是非犬貓動物診療科的負責人。於2006年開設以診療鳥類、倉鼠、兔子等非犬貓動物為主的「三輪非犬貓動物醫院」。院內有多位專業知識豐富的獸醫師和護理師，從日常健康管理到高度醫療，在尊重飼主意見的同時，對個別動物進行最適切的治療。2011年取得東京大學獸醫學博士學位。另外也擔任非犬貓寵物研究會副會長、帝京科學大學兼課講師。

三輪非犬貓動物醫院
東京都豐島區駒込1-25-5
http://www.miwaah.com/

日文版 STAFF

插畫、漫畫　kanmiQ（マルといっしょ）
封面、本文設計　片渕涼太（ma-h gra）
DTP　長谷川愼一（有限会社ゼスト）
責任編輯　朽木 彩（株式会社スリーシーズン）

超萌鸚鵡飼育圖鑑

詳細解說身體構造、心情、行爲，打造健康快樂的鸚鵡好日子！

2022年5月1日初版第一刷發行
2023年7月1日初版第二刷發行

監修者　三輪恭嗣
繪　者　kanmiQ
譯　者　曹茹蘋
編　輯　曾羽辰
美術編輯　黃瀞瑢
發行人　若森稔雄
發行所　台灣東販股份有限公司
<地址>台北市南京東路4段130號2F-1
<電話>(02)2577-8878
<傳真>(02)2577-8896
<網址>http://www.tohan.com.tw
郵撥帳號　1405049-4
法律顧問　蕭雄淋律師
總經銷　聯合發行股份有限公司
<電話>(02)2917-8022

國家圖書館出版品預行編目（CIP）資料

超萌鸚鵡飼育圖鑑：詳細解說身體構造、心情、行為，打造健康快樂的鸚鵡好日子!/三輪恭嗣監修；kanmiQ繪；曹茹蘋譯. -- 初版. -- 臺北市：臺灣東販股份有限公司, 2022.05
192面；14.6×21公分
ISBN 978-626-329-217-8（平裝）

1.CST: 鸚鵡 2.CST: 寵物飼養

437.794　　111004425